里山・雑木林の
昆虫図鑑
春 夏
秋 冬
今井 初太郎 著
JN255933
メイツ出版

目次

本書の使い方

春夏秋冬の季節ごとに索引を掲載

索引は写真入りで、チョウやトンボなどの分類がされており、季節ごとの掲載種が一目でわかる。さらに索引の前のページには季節ごとに雑木林について解説。

昆虫全体を 7 つに分類

チョウの仲間

ガの仲間

トンボの仲間

甲虫の仲間

バッタの仲間
（バッタ・コオロギなど）

カメムシの仲間
（カメムシ・セミ・タガメなど）

その他の仲間
（ハチ・ハエなど）

1 種名

2 科名

3 大きさ　チョウ　前翅長
　　　　　ガ　　　開帳
　　　　　トンボ　体長
　　　　　その他の昆虫　体長
　　　　　（セミは翅端まで）

4 分布　基本は北海道、本州、四国、九州そのほか対馬、屋久島、奄美大島、南西諸島、沖縄などに分布する場合は島名も表記

5 成虫が見られる時期
- 7月　中旬から見られる
- 7月　中旬まで見られる
- 7月　ひと月中見られる
- 7月　上旬まで見られる
- 7月　下旬から見られる

6 種についての特徴や生息環境、食草などについて簡潔に解説

7 春・夏・秋・冬の季節ごとに分類

8 分類

春の雑木林

里というのは人の手の入らない自然に対して、人が住むところや人がかかわるところを指します。里山の山は森林、雑木林などが含まれます。春になると寒かった冬の終わりを告げるかのように野草が花を咲かせます。早春の雑木林の木々はまだ若葉を付けず、やわらかな陽ざしが地面までとどき、早春に咲く花はひときわあざやかに見えます。そんな花を待ち焦がれていたかのように虫たちが花に集まります。地面の枯葉の上では日向ぼっこしている蝶もいます。桜の花が咲くと今まで寒さに耐えてきた生き物がいっせいに目を覚ますときなのです。

チョウ目（チョウ）の仲間

1 ギフチョウ　p.8
2 ウスバアゲハ　p.10
3 アゲハ　p.10
4 キタキチョウ　p.11
5 モンキチョウ　p.11
6 ツマキチョウ　p.11
7 モンシロチョウ　p.12
8 スジグロシロチョウ　p.12
9 キタテハ　p.12
10 テングチョウ　p.13
11 ルリタテハ　p.13
12 サカハチチョウ　p.13
13 コミスジ　p.13
14 コツバメ　p.14
15 ベニシジミ　p.14
16 ヤマトシジミ　p.14
17 ツバメシジミ　p.14
18 ルリシジミ　p.15
19 ミヤマセセリ　p.15

チョウ目（蛾）の仲間

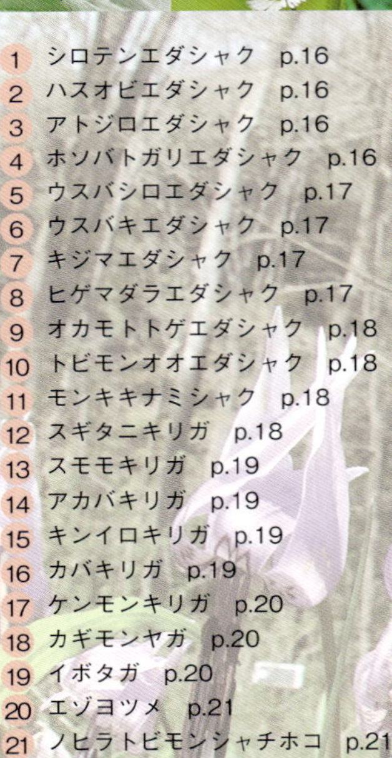

1 シロテンエダシャク　p.16
2 ハスオビエダシャク　p.16
3 アトジロエダシャク　p.16
4 ホソバトガリエダシャク　p.16
5 ウスバシロエダシャク　p.17
6 ウスバキエダシャク　p.17
7 キジマエダシャク　p.17
8 ヒゲマダラエダシャク　p.17
9 オカモトトゲエダシャク　p.18
10 トビモンオオエダシャク　p.18
11 モンキキナミシャク　p.18
12 スギタニキリガ　p.18
13 スモモキリガ　p.19
14 アカバキリガ　p.19
15 キンイロキリガ　p.19
16 カバキリガ　p.19
17 ケンモンキリガ　p.20
18 カギモンヤガ　p.20
19 イボタガ　p.20
20 エゾヨツメ　p.21
21 ノヒラトビモンシャチホコ　p.21
22 ウスベニトガリバ　p.21

カメムシ目の仲間

1 ナガメ　p.31
2 ハルゼミ　p.31
3 エゾハルゼミ　p.31

トンボ目の仲間

1 オツネントンボ　p.22
2 ホソミオツネントンボ　p.22
3 クロサナエ　p.22
4 ダビドサナエ　p.22
5 ヒメクロサナエ　p.23
6 ムカシヤンマ　p.23
7 トラフトンボ　p.23
8 ハラビロトンボ　p.24
9 シオヤトンボ　p.24
10 ヨツボシトンボ　p.24

コウチュウ目の仲間

1 コニワハンミョウ　p.25
2 ハンミョウ　p.25
3 ジュウジアトキリゴミムシ　p.25
4 ヒラタアオコガネ　p.25
5 ウスチャジョウカイ　p.26
6 セスジジョウカイ　p.26
7 ヒメマルカツオブシムシ　p.26
8 カメノコテントウ　p.26
9 キイロテントウ　p.27
10 ナナホシテントウ　p.27
11 ナミテントウ　p.27
12 モモブトカミキリモドキ　p.27
13 クリストフコトラカミキリ　p.28
14 スギカミキリ　p.28
15 ヒラヤマコブハナカミキリ　p.28
16 イタドリハムシ　p.29
17 カメノコハムシ　p.29
18 コガタルリハムシ　p.29
19 ジンガサハムシ　p.29
20 ヤツボシツツハムシ　p.30
21 ナガハムシダマシ　p.30
22 ルリゴミムシダマシ　p.30
23 ゴマダラオトシブミ　p.39

その他の仲間

1 ビロウドツリアブ　p.31
2 ナミホシヒラタアブ　p.32
3 ミナミヒラタアブ　p.32
4 タカサゴハラブトハナアブ　p.32
5 ケブカハチモドキハナアブ　p.32
6 ニホンミツバチ　p.33
7 セイヨウミツバチ　p.33
8 クロマルハナバチ　p.33

ギフチョウ　アゲハチョウ科

大きさ　前翅長 30 ～ 34 ㎜
分　布　本州 (秋田県～山口県)

1月	2月	3月	4月	5月	6月	7月	8月	9月	10月	11月	12月

日本特産のチョウで本州の秋田県から山口県にいたる 25 の府県で見られ、九州 四国には生息していない。普通のアゲハよりも小さく、モンシロチョウより大きい。平地から低山地の雑木林、コナラ・アカマツ林、ブナ林など落葉広葉樹林で比較的広く見られる。年一回の発生で暖地では３月下旬から見られ最盛期はその地域のサクラの開花時期とほぼ一致する。翅は黄白色と黒の縦縞模様で後翅には尾状突起がある。成虫はカタクリやタチツボスミレなど赤紫色系の花を好み、サクラの花などでも吸蜜する。幼虫の食草はウマノスズクサ科のカンアオイ属でミヤマカンアオイ、コシノカンアオイ、ランヨウアオイなどが知られ産地によって違いが見られる。

ウスバアゲハ　アゲハチョウ科

大きさ　前翅長 35 ㎜前後
分布　　本州、四国

1月	2月	3月	4月	5月	6月	7月	8月	9月	10月	11月	12月

別名ウスバシロチョウ。北方系のチョウなので西日本では分布が限られている。本州では青森県から山口県にいたるほとんどの府県の山地に分布する。産地は局所的であるが発生地では群生する場合が多い。年一回の発生で多雪地帯では黒い個体が出る。メスは腹部に毛が少なく交尾後のものは受胎嚢を付ける。幼虫の食草はケシ科のムラサキケマン、エンゴサク類。天気が良いと緩やかに滑空し花で吸蜜する。

アゲハ　アゲハチョウ科

大きさ　前翅長 38 ～ 58 ㎜前後
分布　　北海道、本州、四国、九州、南西諸島

1月	2月	3月	4月	5月	6月	7月	8月	9月	10月	11月	12月

別名ナミアゲハ。オスメスによる斑紋の違いは春型ではほとんどなく夏型ではオスの地色の白みが強くなる。北海道から九州・南西諸島まで全国に広く分布、平地から低山地に多い。暖地では3月から発生し、年4～5回連続的に発生を繰り返す。寒冷地では年2化。各種の花で吸蜜しオスは湿地に降りて吸水することもある。幼虫はカラタチ、サンショウ、キハダなどのほかミカン、ナツミカンなどの栽培種も食べる。

キタキチョウ　シロチョウ科

大きさ　前翅長 21 ～ 26 mm
分布　　本州、四国、九州、沖縄

1月	2月	3月	4月	5月	6月	7月	8月	9月	10月	11月	12月

晩秋に羽化した成虫はそのまま越年し、翌春ふたたび現れる。3月の暖かな日には黄色い姿をチラチラと見せてくれるようになる。春の草花が花を咲かすのを待ちわび、いろいろな草花で吸蜜する。

モンキチョウ　シロチョウ科

大きさ　前翅長 25 ～ 32 mm
分布　　北海道、本州、四国、九州、南西諸島

1月	2月	3月	4月	5月	6月	7月	8月	9月	10月	11月	12月

オスは翅の地色が黄色であるがメスは黄色と白色の二つの型がある。全国各地に普通に見られる。春先から晩秋まで発生を繰り返す。日当たりのよい草地に多く、飛び方は敏活で各種の草花で吸蜜する。

ツマキチョウ　シロチョウ科

大きさ：前翅長 25 mm 前後
分　布：北海道、本州、四国、九州

1月	2月	3月	4月	5月	6月	7月	8月	9月	10月	11月	12月

オスメスともに前翅端はカギ状に突き出して特異な形をしている。オスの先端部は橙黄色、メスは地色の白、その他の色彩はオスメス同じ。全国各地の平地から低山地にかけて見られる。屋久島が現在知られる分布の南限。年一回早春に発生、多くの地域ではサクラの開花時期に見られる。幼虫の食草はアブラナ科のハタザオ、タネツケバナ、イヌガラシなどで卵は食草の花穂に産み付けられ、幼虫は蕾、花、果実を食べる。

モンシロチョウ　シロチョウ科

大きさ：前翅長 20 ～ 30 ㎜
分　布：日本全土

1月	2月	3月	4月	5月	6月	7月	8月	9月	10月	11月	12月

大きな繁殖力を持ち日本全土、世界各地に分布している。春の第１化は九州などの暖地では２～３月頃から、北の寒冷地では４～５月頃から出現し発生を繰り返す。南西諸島の一部では夏の高温期には姿が見られなくなるという。路傍、草原、農耕地などいたるところで見られる。日当たりのよいところを好み樹林内には見当たらない。成虫は極めて多くの花に訪れ吸蜜し、オスは地上で吸水することもある。幼虫の食草はアブラナ科、アブラナ科に属するものであれば栽培種でも野生種でも食べるがとくに栽培種のキャベツを好みダイコンやハクサイなども好むようだ。葉っぱを気をつけてみれば幼虫や卵が見つけられる。

スジグロシロチョウ　シロチョウ科

大きさ　前翅長 28 ～ 32 ㎜
分布　　北海道、本州、四国、九州

1月	2月	3月	4月	5月	6月	7月	8月	9月	10月	11月	12月

春の第１化はモンシロチョウとほぼ同じ時期に出現し樹林内や陰湿地に見られ、オスは山道の湿地に群がることがある。幼虫の食草はアブラナ科。タネツケバナやイヌガラシなどの野生種で、栽培されたダイコンなどにも付くがキャベツを食害するのはモンシロチョウがほとんどで本種が付くことは少ない。

キタテハ　タテハチョウ科

大きさ　前翅長 23 ～ 30 ㎜
分布　　北海道、本州、四国、九州

1月	2月	3月	4月	5月	6月	7月	8月	9月	10月	11月	12月

早春の３月頃から風のない日当たりのよい林内などで見られるようになる。成虫で越冬し暖かくなると陽だまりで日向ぼっこをするようになる。まだ草花も芽吹いたばかりの林道を歩くと足元から急に飛び立つ。しばらく飛んではまた元の所に舞い戻る。厳しい冬を乗り切って春の日差しを満喫しているようだ。

テングチョウ　タテハチョウ科

大きさ　前翅長 約23㎜
分布　北海道、本州、四国、九州、南西諸島

1月	2月	3月	4月	5月	6月	7月	8月	9月	10月	11月	12月

成虫で越冬し、早春の３月頃から林内などで見られるようになる。４月頃に産卵、それより生じた幼虫は６月頃に羽化、成虫で夏秋冬をすごし翌春に現れる。色彩斑紋はオスメスでほぼ同じ。幼虫の食樹はニレ科のエノキ属。日本本土ではエノキ、エゾエノキの葉を食べる。

ルリタテハ　タテハチョウ科

大きさ　前翅長 約34㎜
分布　北海道、本州、四国、九州、南西諸島

1月	2月	3月	4月	5月	6月	7月	8月	9月	10月	11月	12月

成虫で越冬し暖かくなる３月頃から、風のない日当たりのよい林内などで見られるようになる。まだ野草も芽吹いたばかりの林道を歩くと足元から急に飛び立ったりする。また、近くをほかの昆虫が通過すると、スクランブル発進して追いかけ、追い払いテリトリーを持つ。

サカハチチョウ　タテハチョウ科

大きさ　前翅長 約24㎜
分布　北海道、本州、四国、九州

1月	2月	3月	4月	5月	6月	7月	8月	9月	10月	11月	12月

日本の西南部の暖地ではおもに山地に生息する。全国的に見れば年２回の発生で春型、夏型の２型あり季節的な変異がある。低山地から山地にかけての林縁や渓畔の葉上に見られ、ウツギの花やトラノオ類の花に集まる。幼虫の食草はイラクサ科のイラクサ、コアカソなど。

コミスジ　タテハチョウ科

大きさ　前翅長 23～31㎜
分布　北海道、本州、四国、九州

1月	2月	3月	4月	5月	6月	7月	8月	9月	10月	11月	12月

ミスジチョウのなかまでは春早くから見られる。平地から低山地まで普通で、色彩斑紋はオスメスほぼ同じ。暖地では年３～４回発生する。日当たりのよい林縁で低木上を軽快に滑るように飛び葉上に翅を開いてとまる。幼虫の食草はフジ類やハギ類などのマメ科。

コツバメ　シジミチョウ科

大きさ　前翅長 約18㎜
分布　北海道、本州、四国、九州

1月	2月	**3月**	**4月**	**5月**	6月	7月	8月	9月	10月	11月	12月

年1化、早春に発生。山地や寒冷地では出現がおくれる。落葉広葉樹林の周辺に生息、飛び方はきわめて敏速でときどき低木の枝先や地面の枯葉などに降りて翅を閉じてとまる。カタクリやタネツケバナなどで吸蜜する。幼虫は食樹の花、蕾、若い実を好んで食べる。

ベニシジミ　シジミチョウ科

大きさ　前翅長 約17㎜
分布　北海道、本州、四国、九州

1月	2月	**3月**	**4月**	**5月**	**6月**	**7月**	**8月**	**9月**	**10月**	**11月**	12月

日本西南部の暖地では3月より第1化春型が出現し、連続的に年4～5回の発生を繰り返す。季節的な変異がある。路傍、野原、畑地、土手などの草地に多く、好んで各種の花に集まる。飛び方は比較的敏活で高く飛ぶこともある。幼虫の食草はスイバ、ギシギシなど。

ヤマトシジミ　シジミチョウ科

大きさ　前翅長 約14㎜
分布　本州、四国、九州、南西諸島

1月	2月	**3月**	**4月**	**5月**	**6月**	**7月**	**8月**	**9月**	**10月**	**11月**	12月

本州の東北地方より南西の各地に広く分布する。関東から南西諸島では平地にもっとも普通に見られるシジミチョウで都市部の庭先などでも見られる。暖地では3月より出現、連続的に発生を繰り返し晩秋におよぶ。地上低く飛翔し花によく来る。幼虫の食草はカタバミ類。

ツバメシジミ　シジミチョウ科

♂　♀

大きさ　前翅長 約14㎜
分布　北海道、本州、四国、九州

1月	2月	**3月**	**4月**	**5月**	**6月**	**7月**	**8月**	**9月**	**10月**	11月	12月

各地にもっとも普通に見られるシジミチョウの一種。翅の裏面の色彩斑紋はオスメス同じ、オスの翅表は紫藍色、メスは黒褐色。路傍、草原、畑地、土手などの草地に多く、低く飛んで各種の花に集まる。年数回の発生を繰り返す。幼虫の食草はシロツメクサ、アカツメクサなど。

ルリシジミ　シジミチョウ科

大きさ　前翅長 約17㎜
分布　北海道、本州、四国、九州

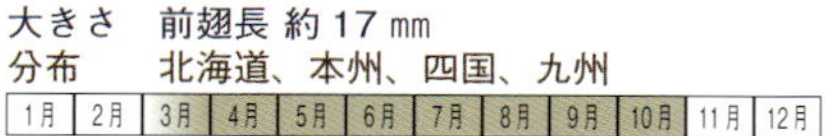

オスの翅表は青藍色、メスは帯白青色、外縁の黒帯はオスに比べて著しく広い（写真右上）。北海道より九州にいたる各地に分布が広い。早春から出現する種の一種で暖地では3月中旬から出現する。以後引き続き発生を繰り返し秋季におよぶ。地上低く飛ぶこともあるが、一般に樹上を飛ぶことが多い。オスは路上の湿地などに群れて吸水することがある。幼虫はフジ、クララ、クズ、ハギ類などマメ科の花や蕾を食べる。

ミヤマセセリ　セセリチョウ科

大きさ　前翅長 約19㎜
分布　北海道、本州、四国、九州

1月	2月	3月	4月	5月	6月	7月	8月	9月	10月	11月	12月

色彩斑紋はオスメスともに似ているが、メスの前翅には白灰色の斑紋がある（写真左）。北海道から四国、九州、対馬など、ほとんど日本全土に分布するが種子島、屋久島およびそれ以南の南西諸島には生息しない。年一回早春に発生するが寒冷地では5月頃になって発生する。疎林をまじえた雑木林、山地の路傍を活発に飛び枯草や地面に翅を開いてとまる。幼虫の成長は緩慢で晩秋に老熟し翌春蛹化して羽化出現となる。

シロテンエダシャク　シャクガ科

大きさ　開張 28 ～ 37 ㎜
分布　北海道、本州、四国、九州、対馬、屋久島

1月	2月	3月	**4月**	**5月**	6月	7月	8月	9月	10月	11月	12月

平地で普通に見られるエダシャクの一種。翅全体は暗い灰色で地味ではあるが前翅左右に白い紋がある。年１化で４月頃に出現する。寄主植物は多くの広葉樹類で広食性である。（写真下は展翅標本写真）

ハスオビエダシャク　シャクガ科

大きさ　開張 37 ～ 50 ㎜
分布　北海道、本州、四国、九州

1月	2月	**3月**	**4月**	**5月**	6月	7月	8月	9月	10月	11月	12月

オスの触角は櫛歯状、メスは糸状。前翅の翅頂から出る斜線の形状には変化がある。メスの前翅頂は鎌状にとがる。年１化で春先に出現する。寄主植物は広食性で多くの広葉樹から幼虫が得られている。

アトジロエダシャク　シャクガ科

大きさ　開張 37 ～ 45 ㎜
分布　北海道、本州、四国、九州、対馬、屋久島

1月	2月	**3月**	**4月**	5月	6月	7月	8月	9月	10月	11月	12月

オスの触角は櫛歯状、メスもごく短い櫛歯を持つ。メスはオスに比べ翅がやや細く淡色。色彩斑紋の変異は比較的少ない。年1化、3～４月に出現し蛹で越冬。各地で多産する。寄主植物は広食性。

ホソバトガリエダシャク　シャクガ科

大きさ　開張 31 ～ 43 ㎜
分布　本州、四国、九州、対馬

1月	2月	3月	**4月**	5月	6月	7月	8月	9月	10月	11月	12月

メスは小型で翅が細い。前翅の外横線は中央付近で大きく内方に曲がる。色彩斑紋には変化が大きくさまざまな個体がいる。年1化、３月下旬から出現し蛹で越冬する。幼虫は広食性で多くの広葉樹に付く。

ウスバシロエダシャク　シャクガ科

大きさ　開張 22 ～ 32 mm
分布　本州、四国、九州

1月	2月	3月	4月	5月	6月	7月	8月	9月	10月	11月	12月

メスはオスより小型になる。オスの触角は櫛歯状で長い、メスは糸状。色彩斑紋の変化が見られる。日本固有種で年１化。春早く現れ出現期はやや短い。蛹で越冬する。寄主植物はブナ科のコナラ、マンサク科のマンサク、ツバキ科のユキツバキ。食性の範囲はややせまい。

ウスバキエダシャク　シャクガ科

大きさ　開張 22 ～ 31 mm
分布　北海道、本州、四国、九州、対馬

1月	2月	3月	4月	5月	6月	7月	8月	9月	10月	11月	12月

メスはオスより小型になる。オスの触角は櫛歯状でメスは糸状。色彩斑紋は変異に富み、前後翅とも全体に黒化する個体もある。年１化、春早く３月から出現する。蛹で越冬する。多くの広葉樹類から幼虫が得られており、寄主植物は明らかに広食性といえる。

キジマエダシャク　シャクガ科

大きさ　開張 28 ～ 35 mm
分布　北海道、本州、四国、九州

1月	2月	3月	4月	5月	6月	7月	8月	9月	10月	11月	12月

オスメスの色彩斑紋の違いは少ないが、前翅の各脈の黄条が明瞭になる個体もある。年１化、４月に出現し低山地から山地にかけて見られる。寄主植物はスイカズラ科のガマズミ、オオカメノキ。

ヒゲマダラエダシャク　シャクガ科

大きさ　開張 37 ～ 51 mm
分布　北海道、本州、四国、九州

1月	2月	3月	4月	5月	6月	7月	8月	9月	10月	11月	12月

メスはオスに比べて小型の個体が多い。オスの触角は櫛歯状、メスは糸状に見える。触角の主軸がまだら模様になっている。地味だが春を代表する蛾のひとつ。寄主植物は広食性で多くの広葉樹。

オカモトトゲエダシャク　シャクガ科

大きさ　開張 33 ～ 46 mm
分布　北海道、本州、四国、九州、対馬

1月	2月	**3月**	**4月**	5月	6月	7月	8月	9月	10月	11月	12月

オスはメスより小型。オスの触角は櫛歯状、メスは微毛状。早春に出現し、成虫は静止するときは前翅を頭方に後翅を腹部にそわせ、翅を折りたたむ独特な姿勢をとる。寄主植物は広食性。

トビモンオオエダシャク　シャクガ科

大きさ　開張 40 ～ 75 mm
分布　北海道、本州、四国、九州、南西諸島

1月	2月	**3月**	**4月**	5月	6月	7月	8月	9月	10月	11月	12月

オスはメスより小型で、大きさや色彩にかなりの変異があるが横線の形状は安定している。メスはオスより淡色で斑紋は不明瞭なものが多い。年1化、早春に出現する。寄主植物は広葉樹で広食性。

モンキキナミシャク　シャクガ科

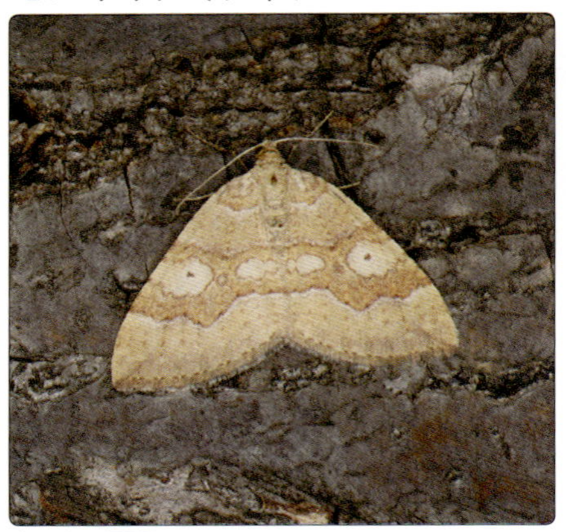

大きさ　開張 25 ～ 29 mm
分布　北海道、本州、四国、九州

1月	2月	3月	**4月**	**5月**	6月	7月	8月	9月	10月	11月	12月

オスメスで翅の大きさには差がない。翅の地色には濃淡があり、斑紋にも変化がある。全国的に平地から山地まで分布する。年1化、春に出現する。寄主植物はブナ科のブナ、ミズナラ、コナラなど。

スギタニキリガ　ヤガ科

大きさ　開張 45 ～ 54 mm
分布　北海道、本州、四国、九州、対馬、屋久島

1月	2月	**3月**	**4月**	5月	6月	7月	8月	9月	10月	11月	12月

触角はオスメスともに両櫛歯状で、その櫛歯はオスの方が長い。地色は淡褐色で前翅中央に濃褐色の斑紋がある。年1化、早春に出現する。寄主植物はコナラ、クヌギ（ブナ科）、サクラ類やカラマツなど。

スモモキリガ　ヤガ科

大きさ　開張 40 ～ 45 mm
分布　北海道、本州、四国、九州、対馬

1月	2月	**3月**	**4月**	**5月**	6月	7月	8月	9月	10月	11月	12月

オスの触角は両櫛歯状、メスは鋸刃状。前翅の亜外縁線の内側に2個の小黒点がある。年1化、果樹の害虫として知られている。寄主植物はリンゴ、スモモ、ウメ、アンズ（バラ科）、クヌギ、コナラなど。

アカバキリガ　ヤガ科

大きさ　開張 41 ～ 46 mm
分布　北海道、本州、四国、九州、対馬

1月	2月	**3月**	**4月**	5月	6月	7月	8月	9月	10月	11月	12月

オスの触角は両櫛歯状、メスは鋸刃状。前翅の地色は明るい褐色で黒色の横一文字紋がある。年1化、果樹の害虫として知られ、寄主植物はリンゴ、モモ、サクラ類、クヌギ、コナラ、アラカシなど。

キンイロキリガ　ヤガ科

大きさ　開張 37 ～ 44 mm
分布　北海道、本州、四国、九州、対馬

1月	2月	3月	**4月**	5月	6月	7月	8月	9月	10月	11月	12月

オスの触角は葉片状で細毛がある、メスは糸状。金色には見えないが丘陵地から山地にかけて生息する。年1化、春に出現する。寄主植物はシラカシ、コナラ、クヌギ、アベマキ、サクラ類など。

カバキリガ　ヤガ科

大きさ　開張 40 ～ 45 mm
分布　北海道、本州、四国、九州

1月	2月	**3月**	**4月**	**5月**	6月	7月	8月	9月	10月	11月	12月

オスの触角は鋸刃状、メスは糸状。前翅の地色は淡褐色で大きめの環状紋と腎状紋があり紋の間は濃褐色。年1化、春先に出現する。平地から山地まで生息、寄主植物はクヌギ、コナラ、サクラ類など。

ケンモンキリガ　ヤガ科

大きさ　開張 35 ～ 40 mm
分布　北海道、本州、四国、九州、屋久島

1月	2月	3月	4月	5月	6月	7月	8月	9月	10月	11月	12月

オスの触角は弱い鋸刃状、メスは糸状。前翅はオスでは全体的に暗い灰黒色であるがメスでは多少の銀灰色の部分を持つ。年1化、春先に出現する。寄主植物はヒノキ、アスナロ、スギなどヒノキ科。

カギモンヤガ　ヤガ科

大きさ　開張 36 ～ 40 mm
分布　北海道、本州、四国、九州、対馬

1月	2月	3月	4月	5月	6月	7月	8月	9月	10月	11月	12月

オスの触角は羽毛状に近い両櫛歯状、メスは糸状。環状紋の後ろ半分を取り囲むようにかぎ状の黒紋が目立つ、この部分が地色と同じになり目立たない型もある。寄主植物はウラシマソウ、アマドコロなど。

イボタガ　イボタガ科

大きさ：開張 91 ～ 94 mm
分　布：北海道、本州、四国、九州、屋久島

1月	2月	3月	4月	5月	6月	7月	8月	9月	10月	11月	12月

大型で幅広い翅を持ち、密布した独特の波状の模様を持つ美しい蛾で、模様から見るとフクロウに擬態しているものと思われる。小さな科でアジアからアフリカに約20種類を産する。本種は日本固有の独立種で1属1種、日本に生息するイボタガ科の仲間は本種のみ。年1化、春に出現する。幼虫は7本の角質の長い突起を持っているが終齢では突起はなくなる。寄主植物はイボタノキ、キンモクセイ、トネリコなど。

エゾヨツメ　ヤママユガ科

大きさ：開張 65 ～ 100 ㎜
分　布：北海道、本州、四国、九州

1月	2月	**3月**	**4月**	5月	6月	7月	8月	9月	10月	11月	12月

青い目玉模様が美しい中型のヤママユガの仲間。オスの触角は羽毛状。後翅の青色の眼状紋の中のＴ字紋は個体変異がある。年１化、春に出現する。オスは薄暮時に活発に飛翔し、日没後は灯火に飛来する。寄主植物はハンノキ、コナラなど。

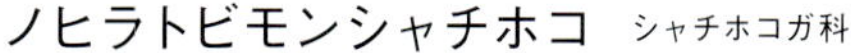

ノヒラトビモンシャチホコ　シャチホコガ科

大きさ：開張 40 ～ 45 ㎜
分　布：本州、四国、九州

1月	2月	3月	**4月**	**5月**	6月	7月	8月	9月	10月	11月	12月

前翅の地色は灰褐色、胸背部はふさふさした灰白色の長毛におおわれる。暖地では４月から関東の山地では５月上旬に出現する。幼虫は単純な芋虫型で気門線は太く黄色い。寄主植物はクヌギだが、クヌギのない地方ではミズナラ、カシワ。

ウスベニトガリバ　カギバガ科

大きさ：開張 40 ～ 45 ㎜
分　布：本州、四国、九州

1月	2月	3月	**4月**	**5月**	6月	7月	8月	9月	10月	11月	12月

翅は細長く前翅表面には薄紅色の大きな楕円の紋が二つある。後翅の表面裏面は一様に暗色。胸部はふさふさとした長毛でおおわれる。年１化。早春に出現する蛾で関東地方では低山地に多く見られる。寄主植物はミズキ科のミズキ。

オツネントンボ　アオイトトンボ科

大きさ　体長 35 ～ 41 mm
分布　北海道、本州、四国、九州

1月	2月	3月	4月	5月	6月	7月	8月	9月	10月	11月	12月

成虫で越冬し、翌春水辺に戻り交尾産卵する。全体的に茶色みが強く成熟しても体色は変らない。おもに平地から低山地にかけての挺水植物の多い池沼に生育する。成虫は氷点下の低温にも耐える。

ホソミオツネントンボ　アオイトトンボ科

大きさ　体長 33 ～ 42 mm
分布　本州、四国、九州

1月	2月	3月	4月	5月	6月	7月	8月	9月	10月	11月	12月

成虫で越冬し、翌春水辺に戻り交尾産卵する。初夏に羽化した成虫は草むらや雑木林で越冬し、春になるとオスは鮮やかな水色に変化する。翅を閉じると前翅、後翅の紋が重なり他種と区別できる。

クロサナエ　サナエトンボ科

大きさ　体長 36 ～ 51 mm
分布　本州、四国、九州

1月	2月	3月	4月	5月	6月	7月	8月	9月	10月	11月	12月

体は黒みの強い細身で小型のサナエトンボ。胸部側面の黒条は２本、腹部には黄色の斑紋が連なる。平地から山地の渓流に生息する。幼虫期間は約２年、幼虫で越冬し翌春羽化する。日本固有種。

ダビドサナエ　サナエトンボ科

大きさ　体長 40 ～ 51 mm
分布　本州、四国、九州

1月	2月	3月	4月	5月	6月	7月	8月	9月	10月	11月	12月

小型のサナエトンボで、胸部側面は黄色で２本の黒条がある。腹部の黄斑には変異があるが、大きく明瞭な個体が多い。羽化はおもに午前中でサナエトンボ科の新成虫は色が濃くなる前に飛び立つ。

ヒメクロサナエ　サナエトンボ科

大きさ　体長 38 ～ 46 mm
分布　　本州、四国、九州

1月	2月	3月	4月	**5月**	**6月**	7月	8月	9月	10月	11月	12月

小型のサナエトンボで胸部側面は黄色、胸側の２本の黒条がくっ付いて太い１本の黒条のようになる。低山地から山地にかけての渓流に発生し４月下旬から見られる。日本固有種で広く分布するが、多産地は少ない。地理的変異があり東日本産は後頭楯に黄条があり、西日本産はやや大型になり、これを欠く。

ムカシヤンマ　ムカシヤンマ科

大きさ：体長 63 ～ 80 mm
分　布：本州、九州

1月	2月	3月	4月	**5月**	**6月**	7月	8月	9月	10月	11月	12月

体形のがっしりしたサナエトンボ科に似た大型のトンボ。複眼は黒褐色で比較的小さく左右が離れている。翅胸前面は淡褐色、胸側に太い２本の黒条があり、腹部は太く円筒形でオスメスともに黄色の小さい斑紋がある。幼虫は体長 30 ～ 35mm、体色は灰褐色から濃褐色で体の表面は剛毛におおわれて、ドロをかぶっていることが多い。幼虫はおもに低山地から山地の斜面に見られる湿地の浅い流れや、水の滴り落ちる様な崖、水の染み出ている斜面などに、苔や泥に穴を掘って生息している。成熟したオスは草や地面にとまって縄張りを持ちメスを待つ。本州と九州に分布する日本固有種で四国や千葉県には分布しない。

トラフトンボ　エゾトンボ科

大きさ　体長 50 ～ 58 mm
分布　　本州、四国、九州

1月	2月	3月	**4月**	**5月**	6月	7月	8月	9月	10月	11月	12月

体の地色は褐色で軟毛が多く、オスメスともに腹部には明瞭な黄斑がならぶ。オスの翅は透明、メスは翅の前縁に黒褐色の帯が生じる個体が多いが、無斑の個体も見られる。平地から丘陵地の抽水植物や浮葉植物の繁茂する池や沼に生息する。東北地方など寒冷地では産地はきわめて局限され稀である。

ハラビロトンボ　トンボ科

大きさ：体長 32 ～ 42 mm
分　布：北海道、本州、四国、九州

1月	2月	3月	4月	5月	6月	7月	8月	9月	10月	11月	12月

オスメスともに顔面は黄色で、前額の背面と単眼の間は青藍色の光沢がある。オスの複眼と胸部は黒い。腹部はオスメスともに扁平で幅が広く、とくにメスは顕著である。成熟したオスは次第に黒化して老熟すると腹部に青白い粉をふく。メスの体色はあまり変化しないが、腹部は黄色く濃褐色の筋が入る。幼虫は主として平地の挺水植物の多生する池、沼地、湿地などに生息する。

シオヤトンボ　トンボ科

大きさ：体長 36 ～ 49 mm
分　布：北海道、本州、四国、九州

1月	2月	3月	4月	5月	6月	7月	8月	9月	10月	11月	12月

シオカラトンボの仲間ではもっともずんぐりした小型種で、翅の基部に橙色斑がある。顔面は黄褐色でオスの複眼は深い水色、メスは淡褐色をおびる。オスは成熟するにつれて黒みをまし、胸背面と腹背は全体的に白粉におおわれる。メスでは成熟するにつれて緑みをおび、腹部などはムギワラ模様となる。未成熟なオスの体色はメスに似る。日本特産種で主として平地の水田地帯に多く生息する。

ヨツボシトンボ　トンボ科

大きさ：体長 38 ～ 52 mm
分　布：北海道、本州、四国、九州

1月	2月	3月	4月	5月	6月	7月	8月	9月	10月	11月	12月

オスメスともに黄褐色のがっしりした体形の中型のトンボ。顔面は明るい黄褐色で前額背面の後縁のみが黒色。翅胸も黄褐色で淡黄褐色の長毛があり毛深い。腹部の胸部側の背面は半ば透き通る。翅は透明に近く結節部に黒褐色斑があり、ヨツボシの名前の由来になっている。後翅の基部に三角形状の黒褐色斑がある。北海道および本州東北部ではきわめて普通種であるが、西日本では稀となる。

コニワハンミョウ　ハンミョウ科

大きさ　体長 10～13 ㎜
分布　北海道、本州、四国、九州

1月	2月	3月	**4月**	**5月**	**6月**	**7月**	**8月**	**9月**	**10月**	11月	12月

体上面は銅色から暗銅緑色で光沢はほとんどない。上翅の白色の斑紋は鮮明で、翅端の紋はよく発達する。平地から山地にかけて見られる。成虫で越冬し4月頃から出現し、砂質の地面を好み、とくに河原の砂地に多い。地面を素早く徘徊し他の小昆虫を捕えて食べる。

ハンミョウ　ハンミョウ科

大きさ　体長 約 20 ㎜
分布　本州、四国、九州、沖縄

1月	2月	3月	**4月**	**5月**	**6月**	**7月**	**8月**	**9月**	10月	11月	12月

別名ミチオシエ。体上面は緑色、藍青色、赤色、白色などの美しい斑紋がちらばり、頭胸部は金属光沢で上翅はビロウド状の光沢がある。体下面は緑青色に光る。地方により多少の斑紋、色彩の変化がある。成虫越冬し4月から出現し、平地から山地の路上で見られる。

ジュウジアトキリゴミムシ　オサムシ科

大きさ　体長 約 6 ㎜
分布　北海道、本州、四国、九州

1月	2月	3月	**4月**	**5月**	**6月**	**7月**	**8月**	**9月**	**10月**	**11月**	12月

別名ジュウジゴミムシ。樹葉上に見られるゴミムシの仲間で、春の夜などには外灯にもよく飛来する普通種。体全体的に黄褐色から赤褐色。頭部，胸部は赤色、翅は黄褐色の地色に黒い大きめの斑が二つ、この黒斑が十字を切っているように見えることから名付けられた。

ヒラタアオコガネ　コガネムシ科

大きさ　体長 10～12 ㎜
分布　本州、四国、九州、屋久島、奄美大島

1月	2月	3月	**4月**	**5月**	**6月**	7月	8月	9月	10月	11月	12月

体上面は銅緑色で上翅はやや赤みがかるものもいる。上翅は各4条の縦筋があるが、外側の2条は細く不明瞭。成虫は4月頃から広葉樹の葉上や林の周辺の草地で見られる。平地から山地まで広く分布し、ヒメジョオンの花やイタドリ、アジサイなどの軟らかい葉を食べる。

ウスチャジョウカイ　ジョウカイボン科

大きさ　体長 約11 mm
分布　本州、四国、九州

1月	2月	3月	**4月**	**5月**	**6月**	**7月**	8月	9月	10月	11月	12月

体は全体的に赤褐色のジョウカイボン。頭部と脚は黒褐色、前胸背版は赤色で上翅は薄茶色。低地から山地にかけて分布し、広葉樹などの葉上でよく見られる普通種。夜に外灯などにも飛来する。成虫は他の小昆虫を捕えて食べるが、花にも飛来し花蜜も好むようだ。

セスジジョウカイ　ジョウカイボン科

大きさ　体長 11～12 mm
分布　本州

1月	2月	3月	**4月**	**5月**	**6月**	**7月**	8月	9月	10月	11月	12月

頭部は黒色で両眼は左右に突き出る。前胸背板は黒色で周辺部は黄褐色に縁どられる。上翅は黒褐色の地色に黄褐色の縦条が2本入る。中型のスマートなジョウカイボンで低山地から山地にかけての広葉樹の葉上で見られる。成虫は他の小昆虫を捕えて食べるが花にも来る。

ヒメマルカツオブシムシ　カツオブシムシ科

大きさ　体長 約3 mm
分布　北海道、本州、四国、九州

1月	2月	**3月**	**4月**	**5月**	6月	7月	8月	9月	10月	11月	12月

体は厚みのある丸に近い楕円形で、地色は黒色。上部は白色、黄色、暗褐色の鱗片でおおわれ斑紋を作る。体下面は白色の鱗片でおおわれ、それに黄色の鱗片がまじる。幼虫は衣類の害虫で、上質の毛織物、絹織物、羽毛、皮革などを好んで食べる。成虫は春に出現する。

カメノコテントウ　テントウムシ科

大きさ　体長 8～13 mm
分布　北海道、本州、四国、九州

1月	2月	3月	4月	**5月**	**6月**	**7月**	**8月**	**9月**	**10月**	11月	12月

体は黒色で光沢がある。前胸背板の側部は黄白色であるが、死ぬと黄色に変化する。上翅の亀甲紋は赤色であるが変化があり、全体が黒色の個体も現れる。上翅の外縁はやや平圧される。成虫越冬し春先に出現する。成虫、幼虫ともにクルミハムシの幼虫を捕食する。

キイロテントウ　テントウムシ科

大きさ　体長４～５㎜
分布　本州、四国、九州、南西諸島

1月	2月	3月	4月	5月	6月	7月	8月	9月	10月	11月	12月

頭部と前胸の背面は黄白色、前胸背板には2つの黒紋があり、眼も黒色。上翅は光沢のある黄色、名前の由来でもある。触角や脚、体下面は黄褐色。成虫で越冬し春先4月頃から現れる。成虫も幼虫も植物に付くウドンコ病などの菌類を食べる変った食性を持つテントウムシ。

ナナホシテントウ　テントウムシ科

大きさ　体長５～９㎜
分布　北海道、本州、四国、九州、南西諸島

1月	2月	3月	4月	5月	6月	7月	8月	9月	10月	11月	12月

体は橙黄色で光沢があり、上翅に7個の黒斑があり名前の由来になっている。もっとも馴染みの深いテントウムシ。かわいいイメージであるが肉食性の昆虫で、成虫、幼虫ともに植物に付くアブラムシを食べる。草原や畑などでよく見られ、成虫で越冬し春早くから活動を始める。

ナミテントウ　テントウムシ科

大きさ　体長５～８㎜
分布　北海道、本州、四国、九州、南西諸島

1月	2月	3月	4月	5月	6月	7月	8月	9月	10月	11月	12月

光沢があり色鮮やか。斑紋に変化が多く、紋の無いものから紋が19個あるものまでいる。紋の少ないものは黒地に赤の紋、紋の多いものはオレンジ色の地に黒い紋、紋の無いものはオレンジ色。成虫で集団越冬する。春早くから活動し、成虫、幼虫ともにアブラムシを食べる。

モモブトカミキリモドキ　カミキリモドキ科

大きさ　体長６～８.６㎜
分布　北海道、本州、四国、九州

1月	2月	3月	4月	5月	6月	7月	8月	9月	10月	11月	12月

体は黒色で触角を除き藍色にかがやく。前胸背板はややしわ状で3個のくぼみを持ち、中央に赤色紋の出る個体もある。上翅は各3条の縦筋を持つ、先端は完全に閉じず翅の見えることが多い。成虫はカミキリに似ている。ヒメジョオンやタンポポの花の蜜や花粉を食べる。

クリストフコトラカミキリ　カミキリムシ科

大きさ　体長 11 ～ 16 ㎜
分布　　本州、九州

1月	2月	3月	4月	**5月**	**6月**	**7月**	8月	9月	10月	11月	12月

典型的なトラカミキリの形体で上翅の基部は赤褐色、4本の黄色の横帯を持つが、第1横帯は幅広く楕円形。中型の美しいカミキリで春から初夏にかけて出現する。クヌギ、コナラなどの伐採木に集まる。

スギカミキリ　カミキリムシ科

大きさ　体長 10 ～ 20 ㎜
分布　　本州、四国、九州

1月	2月	3月	**4月**	**5月**	6月	7月	8月	9月	10月	11月	12月

体は全体的に黒色で上翅に2対の黄褐色紋がある。オスでは黄褐色紋を消失した黒化型も出る。成虫は春先に出現。スギ、ヒノキなどの伐採木や立ち枯れ木の樹皮下に潜んでいるが、あまり多くない。

ヒラヤマコブハナカミキリ　カミキリムシ科

大きさ：体長 11 ～ 14 ㎜
分　布：本州、四国、九州

1月	2月	3月	**4月**	**5月**	6月	7月	8月	9月	10月	11月	12月

体は黒褐色で上翅は朱赤色。前胸の側縁は円錐形にとがる。前胸背板の中央には線状の隆起がある。春のカミキリムシでサクラの花の咲く頃から見られるようになる。少し前までは珍しい部類に入っていたが、現在では生態が明らかになったことにより採集は比較的容易になってきた。生態的にはブナ、カエデ、アカメガシワなどの樹幹に形成された樹洞内で生活する。カエデの花などにも集まるが、まだ不明な点もある。

イタドリハムシ　ハムシ科

大きさ　体長 8～10 ㎜
分布　　北海道、本州、四国、九州

1月	2月	3月	**4月**	**5月**	6月	7月	8月	9月	10月	11月	12月

体は全体的に黒色。上翅には橙黄色の斑紋があるがこの模様には変化が多い。成虫で越冬し4月ごろから現れ、オオイタドリ、イタドリ、ギシギシ、スイバなどの葉を食べる。メスは土の中に産卵する。幼虫は成虫と同じ植物を食べて成長し、土の中にもぐって蛹になる。

カメノコハムシ　ハムシ科

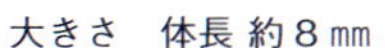

大きさ　体長 約8㎜
分布　　北海道、本州、四国、九州

1月	2月	3月	4月	**5月**	**6月**	7月	8月	9月	10月	11月	12月

体は楕円形で扁平。背面は灰白色から黄褐色、体下面は黒褐色。頭部と脚は赤褐色で腿節には黒斑がある。成虫は5月に現れ、おもにシロザを食べるがアカザ、テンサイなどの葉を食べる。幼虫は糞を尾端に少し付ける。蛹は脱皮殻を付けたまま葉上で蛹になる。

コガタルリハムシ　ハムシ科

大きさ　体長 約6㎜
分布　　本州、四国、九州

1月	2月	**3月**	**4月**	**5月**	**6月**	7月	8月	9月	10月	11月	12月

体は黒色で背面は青藍色でやや光沢がある。成虫で越冬し3月頃から現れ、ギシギシ、スイバ、ノダイオウなどを食べる。特にギシギシを好むことからギシギシハムシとも呼ばれる。卵を持ったメスは卵で腹部がはちきれそうになる。幼虫は群生し、土の中で蛹になる。

ジンガサハムシ　ハムシ科

大きさ　体長 約9㎜
分布　　北海道、本州、四国、九州

1月	2月	3月	4月	**5月**	**6月**	**7月**	8月	9月	10月	11月	12月

体は楕円形で扁平。体色は黄褐色で背面の隆起部分は金色に光り、周縁部は透明な薄板が広がる。頭部は完全に前胸の下にかくれ、触角だけが見える。また、脚も爪先が見える程度。食草は道端や草地などに生えるヒルガオで、その葉を食べまるい穴をあける。

ヤツボシツツハムシ　ハムシ科

大きさ　体長 約 8 ㎜
分布　本州、四国、九州

1月	2月	3月	4月	5月	6月	7月	8月	9月	10月	11月	12月

体は黒色で光沢があり、前胸背板、上翅は黄褐色で黒色紋がある。前胸背板の2個の黒色紋はくっ付いたり、消失する個体もある。また、上翅の8個の黒斑も6～4個になったり、消失する個体もある。成虫はクリ、クヌギ、カシワ、コナラ、イタドリなどの葉を食べる。

ナガハムシダマシ　ゴミムシダマシ科

大きさ　体長 10 ～ 12 ㎜
分布　本州、四国、九州

1月	2月	3月	4月	5月	6月	7月	8月	9月	10月	11月	12月

体は細長い体形でカミキリムシに似る。体色は暗褐色から黒褐色で光沢があり、上翅が黄褐色の個体も多い。触角、体下面は赤褐色。上翅は点刻をともなう条溝をそなえ、間室はなめらかで光沢がある。林や林縁に生息し成虫は花粉を食べ、幼虫は朽木を食べる。

ルリゴミムシダマシ　ゴミムシダマシ科

大きさ　体長 約 16 ㎜
分布　北海道、本州、四国、九州

1月	2月	3月	4月	5月	6月	7月	8月	9月	10月	11月	12月

体は黒色で光沢がある。上翅は緑青色から藍色の光沢を持つ。頭部および胸部背面は密に粗点刻をよそおうが、前胸ではよりまばらになる。外見は地味であるが、がっしりした体形の甲虫である。朽木や菌類を食べるので、朽木や地表に積もった堆積物の下などに生息する。

ゴマダラオトシブミ　オトシブミ科

大きさ　体長 約 7 ㎜
分布　北海道、本州、四国、九州

1月	2月	3月	4月	5月	6月	7月	8月	9月	10月	11月	12月

体は黄褐色で、上面には黒色紋を散りばめたオトシブミ。体下面は大部分が黒褐色。上面の黒紋には変化があり、黒紋が発達して大部分が黒色になる個体もある。成虫はクリ、クヌギ、コナラの樹葉上にいて、メスはこれらの葉を巻いて卵の入った巣（ゆりかご）を作る。

ナガメ　カメムシ科

大きさ　体長 7 ～ 9 ㎜
分布　北海道、本州、四国、九州

1月	2月	3月	4月	5月	6月	7月	8月	9月	10月	11月	12月

体は藍色をおびた黒色に橙赤色の条斑があり、個体によって濃淡の変化がある。北方のものほど赤みが強くなる。アブラナ科の植物で生活し、野草ではナズナ、作物ではアブラナなどに付く。成虫越冬する。

ハルゼミ　セミ科

大きさ　体長 30 ～ 37 ㎜（翅端まで）
分布　本州、四国、九州

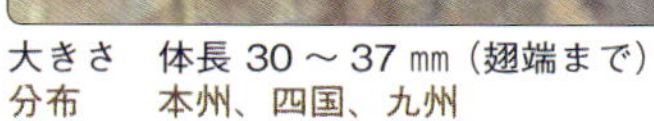

1月	2月	3月	4月	5月	6月	7月	8月	9月	10月	11月	12月

体全体が黒褐色で細長く、メスは多くの褐色の紋がある。平地から低山地の松林に生息するが、樹の高所にいるためその姿を見るのは難しい。合唱性があり、おもに午前中にゼームゼームムムムーと鳴く。

エゾハルゼミ　セミ科

大きさ　体長 38 ～ 45 ㎜（翅端まで）
分布　北海道、本州、四国、九州

1月	2月	3月	4月	5月	6月	7月	8月	9月	10月	11月	12月

体は大部分が黄褐色で胸背に緑色紋がある。オスメスとも体形は細長い。北海道や東北では平地にも、その他の地域では山地の広葉樹に生息する。ミョーキンミョーキンケケケケーと鳴く。

ビロウドツリアブ　ツリアブ科

大きさ　体長 8 ～ 12 ㎜
分布　北海道、本州、四国、九州

1月	2月	3月	4月	5月	6月	7月	8月	9月	10月	11月	12月

体は濃褐色で全面に黄褐色の長毛を密生する。吻は長く吸蜜に適している。日当たりのよい林道や林縁に多く、春早くから出現する。枯葉の上にとまったり、ホバリングしながら草花で吸蜜する。

ナミホシヒラタアブ　ハナアブ科

大きさ　体長 10 ～ 11 mm
分布　北海道、本州、四国、九州

1月	2月	**3月**	**4月**	**5月**	**6月**	**7月**	**8月**	9月	10月	11月	12月

頭部複眼が大きく、複眼は無毛。頭頂部に紫色の光沢がある。胸部背面は光沢のある青銅色。腹部上面は黒地に黄色く太い紋が特徴的。顔面に黒色の中条がありメスは左右の複眼間が離れており、オスは接合する。春早くから活動し、様々な花に訪れる。

ミナミヒメヒラタアブ　ハナアブ科

大きさ　体長 8 ～ 9 mm
分布　本州、四国、九州

1月	2月	3月	**4月**	**5月**	**6月**	**7月**	**8月**	**9月**	**10月**	11月	12月

体のわりには頭部複眼が大きい、腹部の細長いヒラタアブ。胸部は銅黒色の金属光沢があり、周囲は黄色で縁取られる。腹部は黒と黄色の縞模様だが、黒い縞模様の薄い個体もいる。ハナアブの仲間は刺さないので逃げる必要はない。幼虫はアブラムシ類を食べる。

タカサゴハラブトハナアブ　ハナアブ科

大きさ　体長 約 14 mm
分布　本州、四国、九州

1月	2月	3月	4月	**5月**	**6月**	**7月**	**8月**	9月	10月	11月	12月

体は黒褐色で黄色い毛が目立つ。腹部は黒くゴツゴツとしたくびれがある。オスの複眼は接する。胸部から腹部にかけての腰回りに黄色い毛が生える。後脚は太く大きく、ここにも黄色い毛が生えガニマタの脚をしている。平地でよく見られ、様々な花に飛来し吸蜜する。

ケブカハチモドキハナアブ　ハナアブ科

大きさ　体長 12 ～ 15 mm
分布　本州、九州

1月	2月	3月	4月	**5月**	**6月**	**7月**	**8月**	9月	10月	11月	12月

体は黒褐色で黄褐色の条が入る。複眼は胸部の幅より大きく、頭頂で接する。触角は長く、先端はＶ字型。腹部は丸く同じ太さのズンドウで黄色の帯が２本、先端部にもう１本入る。翅には前半分の暗色部を隔てる透明な筋が伸びる。成虫は花に来るが樹液にも来る。

ニホンミツバチ　ミツバチ科

大きさ：体長 約13㎜（働き蜂）
分　布：北海道、本州、四国、九州

1月	2月	3月	4月	5月	6月	7月	8月	9月	10月	11月	12月

体は暗茶褐色、腹部には縞模様がある。春早くから活動し多くの花を訪れる。日本に昔から住んでいる在来種。1つの巣を住居として集団で生活している。巣の中には女王バチとたくさんの働き蜂がいて様々な仕事を分担し、群れを維持している。営巣に適した場所を探して巣を作る。樹の洞に巣を作ることが多いが、家の天井裏、壁の隙間などにも巣を作る。巣には小さな入口があり、ある程度の広さの閉鎖的空間があれば巣を作る。（写真は巣の出入り口）一部の養蜂家が養蜂しているが、その多くは野生のものを捕獲して飼育し、採蜜の際には巣を壊して搾り取るという伝統的な手法が主であり蜂蜜の流通量も非常に少ない。

セイヨウミツバチ　ミツバチ科

大きさ　体長 約13㎜（働き蜂）
分布　　北海道、本州、四国、九州

1月	2月	3月	4月	5月	6月	7月	8月	9月	10月	11月	12月

体は黒褐色、全体的に黄褐色の毛が密生する。腹部の縞模様は先端部の方が黒色の幅が広く、胸に近い方は幅が小さくなる。蜂蜜を採るため明治時代にヨーロッパから持ち込まれた帰化種。真冬でも暖かな日には花を求めて飛び回り、作物の受粉にも広く用いられている。養蜂には規格化された巣箱を用いて行われている。

クロマルハナバチ　ミツバチ科

大きさ　体長 約20㎜
分布　　本州、四国、九州

1月	2月	3月	4月	5月	6月	7月	8月	9月	10月	11月	12月

体は頭部、胸部が黒色で腹部先端のみが黄色い。大型で丸くて大きなミツバチ科のハチの仲間。体毛は短めで胸部の毛は刈り込まれたように短くそろって生えている。春一番に現れ、早くから各種の花を訪れ忙しく動き回る。口吻は短めで蜜源の浅い花を好んで利用する。幼虫は親から与えられた花粉ダンゴを食べて育つ。

夏の雑木林

私たちの身近にある雑木林は生き物の宝庫です。1年を通じ、いろいろな生き物を見ることができます。木々の枝がすっかり緑の葉でおおわれるようになると、春には見られなかった生き物がたくさん現れます。水辺にはトンボが飛び、林ではセミが鳴くようになります。クヌギやコナラの幹から染み出てきた樹液には様々な昆虫が寄ってきます。カミキリムシ、カナブン、クワガタ、カブトムシ、タテハチョウの仲間、アシナガバチなどがやって来ます。さながら樹液酒場といった雰囲気になります。林の中、林の縁、水辺など、いろんな場所で様々な昆虫が生活している様子を見てみましょう。

チョウ目（チョウ）の仲間

1 アオスジアゲハ　p.43
2 ジャコウアゲハ　p.43
3 キアゲハ　p.44
4 オナガアゲハ　p.44
5 クロアゲハ　p.44
6 モンキアゲハ　p.45
7 カラスアゲハ　p.45
8 スジグロシロチョウ　p.45
9 スジボソヤマキチョウ　p.46
10 キタキチョウ　p.46
11 アサギマダラ　p.46
12 ミドリヒョウモン　p.47
13 クモガタヒョウモン　p.47
14 サカハチチョウ　p.47
15 キタテハ　p.48
16 ヒオドシチョウ　p.48
17 クジャクチョウ　p.48
18 ルリタテハ　p.49
19 オオミスジ　p.49
20 ミスジチョウ　p.49
21 イチモンジチョウ　p.49
22 スミナガシ　p.50
23 ゴマダラチョウ　p.50
24 コムラサキ　p.50
25 オオムラサキ　p.51
26 アカボシゴマダラ　p.52
27 クロコノマチョウ　p.52
28 オオヒカゲ　p.52
29 クロヒカゲ　p.53
30 ヒカゲチョウ　p.53
31 ヒメキマダラヒカゲ　p.53
32 サトキマダラヒカゲ　p.53
33 ヤマキマダラヒカゲ　p.54
34 ヒメジャノメ　p.54
35 コジャノメ　p.54
36 ヒメウラナミジャノメ　p.54
37 ジャノメチョウ　p.55
38 ゴイシシジミ　p.55
39 トラフシジミ　p.55
40 ウラゴマダラシジミ　p.55
41 アカシジミ　p.56
42 ウラナミアカシジミ　p.56
43 ミズイロオナガシジミ　p.56
44 ミドリシジミ　p.56
45 オオミドリシジミ　p.57
46 クロシジミ　p.57
47 ヒメシジミ　p.57
48 アオバセセリ　p.58
49 ダイミョウセセリ　p.58
50 コチャバネセセリ　p.58

チョウ目（蛾）の仲間

1 ホタルガ　p.59
2 シロシタホタルガ　p.59
3 ギンモンカレハ　p.59
4 オビガ　p.59
5 オオクワゴモドキ　p.60
6 オオミズアオ　p.60
7 エビガラスズメ　p.60
8 ブドウスズメ　p.61
9 フトオビホソバスズメ　p.61
10 ビロードスズメ　p.61
11 エゾスズメ　p.61
12 ヒサゴスズメ　p.62
13 クルマスズメ　p.62
14 オオスカシバ　p.62
15 イカリモンガ　p.62
16 キンモンガ　p.63
17 アゲハモドキ　p.63
18 ネグロトガリバ　p.63
19 オオバトガリバ　p.63
20 オオマエベニトガリバ　p.64
21 オビカギバ　p.64
22 ヤマトカギバ　p.64
23 ウコンカギバ　p.64
24 オオカギバ　p.65
25 クワゴマダラヒトリ　p.65
26 ウスキツバメエダシャク　p.65
27 ヒョウモンエダシャク　p.65
28 オオアヤシャク　p.66
29 キマダラオオナミシャク　p.66
30 ナカキエダシャク　p.66
31 オオゴマダラエダシャク　p.66
32 クワエダシャク　p.67
33 シロオビクロナミシャク　p.67
34 セダカシャチホコ　p.67
35 ナカスジシャチホコ　p.67
36 カノコガ　p.68
37 キハダカノコ　p.68
38 シロモンアツバ　p.68
39 シャクドウクチバ　p.68
40 ギンボシキンウワバ　p.69
41 オオシラホシアツバ　p.69
42 ハグルマトモエ　p.69
43 オスグロトモエ　p.70
44 キシタバ　p.70
45 ジョナスキシタバ　p.70
46 マメキシタバ　p.71
47 オニベニシタバ　p.71
48 シロシタバ　p.71
49 フクラスズメ　p.72
50 ムクゲコノハ　p.72

51 キシタミドリヤガ　p.73
52 マルモンシロガ　p.73

53 オオウンモンクチバ　p.73
54 ハガタクチバ　p.73
55 オオウスヅマカラスヨトウ　p.74
56 カラスヨトウ　p.74
57 シロスジカラスヨトウ　p.74
58 シロモンノメイガ　p.74

トンボの仲間

1 アオイトトンボ　p.75
2 オオアオイトトンボ　p.75
3 ニホンカワトンボ　p.75
4 ミヤマカワトンボ　p.76
5 ハグロトンボ　p.76
6 モノサシトンボ　p.76
7 キイトトンボ　p.77
8 セスジイトトンボ　p.77
9 モートンイトトンボ　p.77
10 アオモンイトトンボ　p.77
11 アジアイトトンボ　p.78
12 サラサヤンマ　p.78
13 コシボソヤンマ　p.78
14 ミルンヤンマ　p.79
15 アオヤンマ　p.79
16 ヤブヤンマ　p.79
17 オオルリボシヤンマ　p.80
18 ギンヤンマ　p.80
19 クロスジギンヤンマ　p.80
20 ウチワヤンマ　p.80
21 コオニヤンマ　p.81
22 ミヤマサナエ　p.81
23 ヤマサナエ　p.81
24 オニヤンマ　p.82
25 ハネビロエゾトンボ　p.83
26 オオヤマトンボ　p.83
27 コヤマトンボ　p.83
28 コシアキトンボ　p.84
29 コフキトンボ　p.84
30 ハッチョウトンボ　p.84
31 ショウジョウトンボ　p.85
32 シオカラトンボ　p.85
33 オオシオカラトンボ　p.85

コウチュウ目の仲間

1 コハンミョウ　p.86
2 トウキョウヒメハンミョウ　p.86
3 アオオサムシ　p.86
4 セアカオサムシ　p.86

5 6 7 8
9 10 11 12
13 14 15 16
17 18 19 20
21 22 23 24
25 26 27 28
29 30 31 32
33 34 35 36
37 38 39 40
41 42 43 44
45 46 47 48
49 50 51 52
53 54 55 56

57 オオヨツスジハナカミキリ　p.106
58 ルリボシカミキリ　p.107
59 ミヤマカミキリ　p.107
60 アカアシオオアオカミキリ　p.108
61 アオスジカミキリ　p.108
62 ベニカミキリ　p.108
63 ヘリグロベニカミキリ　p.109
64 ウスイロトラカミキリ　p.109
65 キイロトラカミキリ　p.109
66 キスジトラカミキリ　p.109
67 トラフカミキリ　p.110
68 アトジロサビカミキリ　p.110
69 クワカミキリ　p.110
70 シロスジカミキリ　p.111
71 ゴマフカミキリ　p.112
72 ナガゴマフカミキリ　p.112
73 タテジマゴマフカミキリ　p.112
74 マツノマダラカミキリ　p.112
75 ヒメヒゲナガカミキリ　p.113
76 ゴマダラカミキリ　p.113
77 センノカミキリ　p.113
78 キボシカミキリ　p.114
79 ハンノアオカミキリ　p.114
80 ヤツメカミキリ　p.114
81 ラミーカミキリ　p.114
82 ハンノキカミキリ　p.115
83 フチグロヤツボシカミキリ　p.115
84 オオアカマルノミハムシ　p.115
85 オオルリハムシ　p.116
86 キバラルリクビボソハムシ　p.116
87 セモンジンガサハムシ　p.116
88 ツツジコブハムシ　p.116
89 ネギオオアラメハムシ　p.117
90 ヤナギハムシ　p.117
91 ヒゲブトハムシダマシ　p.117
92 オトシブミ　p.117
93 ヒゲナガオトシブミ　p.118
94 エゴヒゲナガゾウムシ　p.118
95 オオゾウムシ　p.118
96 シロコブゾウムシ　p.118
97 ヒメシロコブゾウムシ　p.119 98 マダラアシゾウムシ　p.119 99 オジロアシナガゾウムシ　p.119 100 ツツゾウムシ　p.119

バッタ目の仲間

1 トゲヒシバッタ　p.120
2 マダラバッタ　p.120
3 ヒガシキリギリス　p.120
4 ヒメギス　p.121
5 クツワムシ　p.121
6 スズムシ　p.121
7 アオマツムシ　p.122
8 コロギス　p.122

9 ケラ p.122
10 マダラカマドウマ p.122

カメムシ目の仲間

1 アカスジキンカメムシ p.123
2 アカスジオオメクラガメ p.123
3 アカスジカメムシ p.123
4 ツノアオカメムシ p.123
5 クサギカメムシ p.124
6 トホシカメムシ p.124
7 ハサミツノカメムシ p.124
8 フトハサミツノカメムシ p.124
9 エサキモンキツノカメムシ p.125
10 マルカメムシ p.125
11 オオヘリカメムシ p.125
12 ホオズキカメムシ p.125
13 オオホシカメムシ p.126
14 ホソヘリカメムシ p.126
15 ノコギリカメムシ p.126
16 オオトビサシガメ p.126
17 アカヘリサシガメ p.127
18 タイコウチ p.127
19 ミズカマキリ p.127
20 コオイムシ p.127
21 タガメ p.128
22 マツモムシ p.129
23 アカエゾゼミ p.129
24 エゾゼミ p.129
25 コエゾゼミ p.129
26 アブラゼミ p.130
27 クマゼミ p.131
28 ニイニイゼミ p.131
29 ヒグラシ p.131
30 ミンミンゼミ p.131
31 ベッコウハゴロモ p.132
32 スケバハゴロモ p.132
33 アオバハゴロモ p.132
34 マルウンカ p.132
35 ヒモワタカイガラムシ p.133

その他の仲間

1 キボシアシナガバチ p.133
2 コアシナガバチ p.133
3 フタモンアシナガバチ p.133
4 ムモンホソアシナガバチ p.134
5 キアシナガバチ p.134
6 オオスズメバチ p.134
7 コガタスズメバチ p.134
8 キイロスズメバチ p.135

9 ヒメスズメバチ p.135
10 クロスズメバチ p.135
11 キムネクマバチ p.135
12 ムネアカオオアリ p.136
13 トゲアリ p.136
14 クロオオアリ p.136
15 ウシアブ p.136
16 オオイシアブ p.137
17 クロバネツリアブ p.137
18 モンキアシナガヤセバエ p.137
19 ラクダムシ p.137
20 ツノトンボ p.138
21 キバネツノトンボ p.138
22 オオツノトンボ p.138
23 ヤマトゴキブリ p.139
24 オオゴキブリ p.139
25 モリチャバネゴキブリ p.139
26 ヤマトシリアゲ p.139

コラム

蝶の飛ぶ道《蝶道》

丘陵地の谷筋や林道などで、いつもほとんど同じルートを蝶が飛ぶことがあります。特にアゲハチョウの仲間によく見られる行動で、飛ぶルートは食樹・食草の位置、吸蜜する花の位置などにより変わると言います。蝶道がわかれば蝶を待ち伏せて採ることが出来ます。

アオスジアゲハ　アゲハチョウ科

大きさ　前翅長 約45 mm
分布　本州、四国、九州、南西諸島

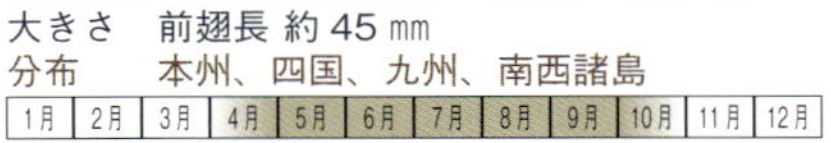

翅の形、色彩斑紋はオスメスほとんど同じであるが、オスは後翅内縁部が上方に折り返り、その中に白色の長毛をつつむ袋を持っている。東洋熱帯に広く分布し、日本の本州中部以南の暖地では平地から山地に普通に見られ、関東地方の山間部では稀になり寒冷地に向かうにしたがってさらに少なくなる。暖地では年3回の発生、4月中旬より見られる。成虫は多くの花に集まり、オスは湿地におりて吸水することもある。

ジャコウアゲハ　アゲハチョウ科

大きさ　前翅長 45～63 mm
分布　本州、四国、九州

1月	2月	3月	4月	5月	6月	7月	8月	9月	10月	11月	12月

オスの翅表は黒色、絹糸状の光沢がある。メスの翅表は黄灰色から暗灰色で絹糸状の光沢はなく、前翅前縁および外縁はやや細く黒色、後翅外縁はやや幅広く黒色となる。東北地方より九州南端まで分布するが、東北地方北部では稀になる。年2回から4回の発生。飛翔は緩慢で路傍や草地を低く緩やかに飛び、各種の花を訪れて吸蜜する。幼虫は暗紫色で白色の帯がある。幼虫の食草はウマノスズクサ科の植物を食べる。

キアゲハ　アゲハチョウ科

大きさ：前翅長 40 ～ 55 ㎜
分　布：北海道、本州、四国、九州、屋久島

1月	2月	3月	4月	5月	6月	7月	8月	9月	10月	11月	12月

春型ではオスメスの翅形、色彩斑紋はほとんど同じ、夏型では斑紋におけるオスメスの差は顕著で、メスは地色の黄色部の色彩が淡く黒色鱗粉を粗布し、翅の基部に強く現れる。オスに比べると色彩斑紋は鮮明さに欠ける。本種はアゲハ類でもっとも広く分布し、ヨーロッパから極東アジア、また北アメリカ大陸にも産する。日本では北海道から九州、屋久島まで南西諸島を除くほとんど全土に分布する。年２回から４回の発生。好んで日当たりのよい草地を飛び草花を訪れる。オスは山頂付近を占有する習性がある。幼虫の食草はニンジン、ミツバ、ハナウド、シシウド、ハマボウフウ、ヤマゼリ、パセリ、アシタバなどのセリ科植物。

オナガアゲハ　アゲハチョウ科

大きさ　前翅長 46 ～ 68 ㎜
分布　　北海道、本州、四国、九州

1月	2月	3月	4月	5月	6月	7月	8月	9月	10月	11月	12月

北海道東部では稀で、暖地ではおもに山地に産し、年２回発生する。夏型はオスメスともに大型になる。オスは後翅前縁に顕著な白条がある。山地の渓流沿いなどを好み緩やかに飛び、春はウツギやツツジの花、夏はクサギやヤマユリの花を訪れる。幼虫はコクサギをもっとも好み、カラタチ、キハダなども食べる。

クロアゲハ　アゲハチョウ科

Si

大きさ　前翅長 48 ～ 68 ㎜
分布　　本州、四国、九州

1月	2月	3月	4月	5月	6月	7月	8月	9月	10月	11月	12月

オスの翅表は黒色で、後翅前縁に横の白条がある。メスは前翅の地色が淡色なため黒条が目立つ。関東から九州では年３回発生、日の射さない薄暗い林内も飛ぶ習性がある。各種の花を訪れ吸蜜し、オスは湿地におりて吸水もする。幼虫はユズ、カラタチ、ミカン類、サンショウ、キハダなどの葉を食べる。

モンキアゲハ　アゲハチョウ科

大きさ：前翅長 60 ～ 73 ㎜
分　布：本州、四国、九州、南西諸島

1月	2月	3月	4月	5月	6月	7月	8月	9月	10月	11月	12月

後翅に大きな黄白斑を持つ。オスメスの斑紋はほとんど同じだが、メスの黒色の地色はやや淡色になる。関東地方より以南の暖地に多く、寒冷地では稀となる。年２回の発生で低山地の常緑樹の多い森林に生息し、飛び方は特に敏速で春型は上下左右に不規則な飛び方をする。オスは明瞭な蝶道を作り尾根筋や山頂を通過する。幼虫はキハダ、サンショウ、ユズ、ミカン類などを食べる。

カラスアゲハ　アゲハチョウ科

大きさ：前翅長 50 ～ 68 ㎜
分　布：北海道、本州、四国、九州

1月	2月	3月	4月	5月	6月	7月	8月	9月	10月	11月	12月

オスは前翅の下部に暗色長毛よりなるビロード状性斑がある。メスはオスに比べ地色の黒色部がやや淡い。地理的な変異がある。全国に産する普通種だが、四国、九州では山地性で平地には少ない。通常年２回の発生だが暖地では３回となる。アザミやツツジなどの花を好み、オスは湿地におりて吸水する。幼虫は特にコクサギを好みカラスザンショウ、キハダ、カラタチ、ミカン類を食べる。

スジグロシロチョウ　シロチョウ科

大きさ：前翅長 28 ～ 32 ㎜
分　布：北海道、本州、四国、九州、対馬、屋久島

1月	2月	3月	4月	5月	6月	7月	8月	9月	10月	11月	12月

オスの翅には発香鱗があり、捕まえると柑橘系に似た匂いがする。翅脈にそう黒条はメスの方が強く発達する。日本全国各地に広く分布し、樹林や渓畔などの陰湿地に見られ、草花に集まる。オスは湿地におりて群がることもある。一般的にモンシロチョウは日当たりのよい耕作地、本種は湿気のある林間に多く見られる。幼虫の食草はアブラナ科の植物でハタザオ、タネツケバナ、イヌガラシなど。

スジボソヤマキチョウ　シロチョウ科

大きさ　前翅長 約 35 mm
分布　　本州、四国、九州

1月	2月	3月	4月	5月	6月	7月	8月	9月	10月	11月	12月

年1化、成虫越冬する。新成虫は6～7月頃に羽化し、間もなく夏眠に入り秋に再び現れる。低山地から山地に見られ。林縁や草原に咲く様々な花を訪れ吸蜜する。幼虫はクロウメモドキ科を食べる。

キタキチョウ　シロチョウ科

大きさ　前翅長 21 ～ 26 mm
分布　　本州、四国、九州、沖縄

1月	2月	3月	4月	5月	6月	7月	8月	9月	10月	11月	12月

成虫越冬する。第1化は5月下旬～6月上旬頃に夏型が発生、その後連続的に発生を繰りかえして晩秋におよぶ。夏型はオスメスともに翅表外縁に黒条が入り前翅では太くなる。幼虫はマメ科を食べる。

アサギマダラ　タテハチョウ科

大きさ：前翅長 53 ～ 62 mm
分　布：北海道、本州、四国、九州、南西諸島

1月	2月	3月	4月	5月	6月	7月	8月	9月	10月	11月	12月

色彩斑紋はオスメスほとんど同じであるが、オスには後翅肛角に近く黒斑状の性標がある。北海道や本州北部など寒冷地では稀で、西日本の暖地では山地に多く花などに群がる。移動性が大きく、日本全国どこでも見かける可能性がある。渡りの習性が確認されており、春は南方より北上し、秋には南下することが調査により判明している。幼虫の食草はガガイモ科でカモメヅル類、ガガイモ、キジョランなどの葉を食べる。

ミドリヒョウモン　タテハチョウ科

大きさ：前翅長 34 ～ 41 ㎜
分　布：北海道、本州、四国、九州

1月	2月	3月	4月	5月	**6月**	**7月**	**8月**	**9月**	**10月**	11月	12月

翅の裏面の色彩斑紋はオスメスほとんど同じだが、翅表では明瞭に異なる。オスの地色は赤橙色、黒褐色の発香鱗条がある。メスにはこれがなく、翅表の黒褐色斑は強く大きい。日本全土に広く分布する。草原には少なく樹林あるいはその周辺に多い。年１回の発生で暖地では５月下旬ころより出現、夏には夏眠にはいる。秋になって涼しくなるとふたたび活動し、メスは産卵する。幼虫の食草は各種のスミレ類。

クモガタヒョウモン　タテハチョウ科

大きさ　前翅長 36 ～ 41 ㎜
分布　　北海道、本州、四国、九州

1月	2月	3月	4月	**5月**	**6月**	**7月**	**8月**	**9月**	**10月**	11月	12月

色彩斑紋はオスメス同じ。年１回の発生、ヒョウモン類ではもっとも早く出現する。寒冷地では稀になる。暖地では暑い夏には夏眠するが、秋になり涼しくなると再び姿を現す。幼虫の食草はスミレ類。

サカハチチョウ　タテハチョウ科

大きさ　前翅長 約 24 ㎜
分布　　北海道、本州、四国、九州

1月	2月	3月	**4月**	**5月**	**6月**	**7月**	**8月**	9月	10月	11月	12月

一般的には年２回の発生、季節的変異があり春型、夏型がある。夏型は暖地では６～７月に発生。低山地から山地の渓畔や林縁の草上に多く、花に集まる。幼虫の食草はイラクサ科でその葉を食べる。

キタテハ　タテハチョウ科

大きさ　前翅長 23 ～ 30 ㎜
分布　北海道、本州、四国、九州

1月	2月	3月	4月	5月	6月	7月	8月	9月	10月	11月	12月

夏型、秋型の季節型がある。北海道南部から九州まで広く分布している。第1化は5月中旬～6月上旬に出現。暖地性の種類で平地に多く、発生地は河原や路傍、荒地などに生えるカナムグラの群落。

ヒオドシチョウ　タテハチョウ科

大きさ　前翅長 約 36 ㎜
分布　北海道、本州、四国、九州

1月	2月	3月	4月	5月	6月	7月	8月	9月	10月	11月	12月

色彩斑紋はオスメス同じ。全国各地に普通であるが暖地では稀になる。年1化、成虫越冬し6月頃に新成虫が羽化、間もなく休眠に入り姿を見せなくなる。幼虫の食樹はニレ科のエノキ、エゾエノキ。

クジャクチョウ　タテハチョウ科

大きさ：前翅長 約 28 ㎜
分　布：北海道、本州

1月	2月	3月	4月	5月	6月	7月	8月	9月	10月	11月	12月

色彩斑紋はオスメス同じ。季節的変異、地理的変異は見られない。北海道では平地から山地にかけて普通に見られる。関東、中部ではおもに山地に産し、平地では少ない。成虫越冬し年2回の発生､本州中部では9月上旬頃にもっとも個体数が多くなる。飛翔敏活、日当たりのよい草原を好み、路上・岩などによくとまり、ヒヨドリバナやマツムシソウの花に群れる。幼虫の食草はイラクサ科のイラクサ、エゾイラクサなど。

ルリタテハ　タテハチョウ科

大きさ　前翅長 約34 mm
分布　北海道、本州、四国、九州、南西諸島

1月	2月	3月	4月	5月	6月	7月	8月	9月	10月	11月	12月

色彩斑紋はオスメス同じ。季節的な変異があり、夏型は裏面の地色が黄褐色で秋型では黒みの強い色調になる。発生は寒冷地では年1化、南西諸島では数回の発生を繰り返す。樹液や腐敗物に好んで集まるが、普通花には来ない。幼虫の食草はサルトリイバラ、ホトトギスなど。

オオミスジ　タテハチョウ科

大きさ　前翅長 36 ～ 43 mm
分布　北海道、本州

1月	2月	3月	4月	5月	6月	7月	8月	9月	10月	11月	12月

オスメスの外見的な違いが見られる。オスは翅形が狭長、前翅端が尖る。年1回の発生。山間の森林中には少なく、集落やその近傍に多く見られる。成虫は食樹の上を旋回することが多く、路上にも降りる。幼虫の食樹はウメ、アンズ、スモモ、モモなどのバラ科。

ミスジチョウ　タテハチョウ科

大きさ　前翅長 32 ～ 42 mm
分布　北海道、本州、四国、九州

1月	2月	3月	4月	5月	6月	7月	8月	9月	10月	11月	12月

色彩斑紋はオスメスほぼ同じだが、オスに比べてメスは大型となる。本州西南部の暖地ではおもに山地帯に生息する。年1回の発生、暖地では5月頃から、寒冷地では7月に入る。広葉樹林や林縁、渓流沿いで見られる。幼虫の食樹はイロハモミジ、ヤマモミジなどのカエデ科。

イチモンジチョウ　タテハチョウ科

大きさ　前翅長 28 ～ 32 mm
分布　北海道、本州、四国、九州

1月	2月	3月	4月	5月	6月	7月	8月	9月	10月	11月	12月

色彩斑紋はオスメスほぼ同じ、メスは一般にオスより大型になる。各地に普通であるが日本西南部の暖地では一般に山地に多く平地はまれになる。暖地では年3回の発生、北海道では年1回となる。幼虫の食草はスイカズラ、ヒョウタンボク、タニウツギなどのスイカズラ科。

スミナガシ　タテハチョウ科

大きさ：前翅長 32 ～ 38 mm
分　布：本州、四国、九州、南西諸島

1月	2月	3月	4月	5月	6月	7月	8月	9月	10月	11月	12月

色彩斑紋はオスメス同じ。春型は夏型に比べ小型で白斑は強く現れる。メスの方がやや大きい。和名のスミナガシは”墨流し”を想起する翅の色彩斑紋にもとづく。成虫の翅は黒地に青緑色をおびた独特の模様をしている。本州の北限は青森県下北半島。日本からヒマラヤを含む東南アジアに分布している。森林性のチョウで低地から丘陵地の雑木林および林縁に生息し、成虫は昼の暑い時間帯はあまり活動せず、夕方に活発になる。樹液、熟した果実、獣糞などに集まる。幼虫は褐色で終齢になると頭に２本の角を持つ。蛹は褐色で葉脈そっくりの模様に虫喰い痕のような切れ込みもあり枯葉のようだ。幼虫はアワブキ、ヤマビワを食べる。

ゴマダラチョウ　タテハチョウ科

大きさ　前翅長 36 ～ 45 mm
分布　　北海道、本州、四国、九州

1月	2月	3月	4月	5月	6月	7月	8月	9月	10月	11月	12月

色彩斑紋はオスメス同じ。メスは翅形が幅広く丸みをおびる。北海道では道南の一部に分布するが、その他の地方では普通に見られる。発生は年２～３回、北海道では年１回の発生。樹上、樹間を旋回、飛翔し好んでクヌギ、タブノキ、ヤナギ類などの樹液に集まる。幼虫の食草はエノキ、エゾエノキなどのニレ科。

コムラサキ　タテハチョウ科

大きさ　前翅長 約 35 mm
分布　　北海道、本州、四国、九州

1月	2月	3月	4月	5月	6月	7月	8月	9月	10月	11月	12月

オスの翅表は光線の当たり具合によって紫色に輝くが、メスにはない。メスは翅表の色が淡色で橙色帯や斑紋はよく発達する。褐色型と黒色型があり、褐色型は各地に普通で、黒色型は分布域が限定される。軽快敏速に滑空し、クヌギやヤナギ類の樹液に集まる。幼虫の食草はシダレヤナギなど各種のヤナギ類。

オオムラサキ　タテハチョウ科

その他

大きさ　前翅長 50 ～ 65 ㎜
分　布　北海道、本州、四国、九州

1月	2月	3月	4月	5月	6月	7月	8月	9月	10月	11月	12月

日本の国のチョウ“国蝶”とされる。大型のタテハチョウでオスは前翅、後翅の基半部が光の具合で紫色に光るがメスにはこれがない。後翅裏面の色彩が黄色みをおびる黄色型と銀白色の白色型がある。北海道では産地が局限され北限は石狩市になる。関東では平地にも稀ではなかったが、生息地は減ってきている。日本西南部の暖地ではおもに山地に生息し数は多くない。年１回の発生で暖地では６月中旬から寒冷地では７月中～下旬になる。成虫はクヌギなどの樹液の出る雑木林に好んで生息し、飛翔は力強く敏速、樹林の上空を旋回、滑空する。幼虫の食草はニレ科のエノキ、エゾエノキなど。幼虫は秋には樹の根元に降り、根元付近の落ち葉の中で越冬する。

アカボシゴマダラ　タテハチョウ科

大きさ：前翅長 40 ～ 53 ㎜
分　布：本州（関東）、奄美大島

1月	2月	3月	**4月**	**5月**	**6月**	**7月**	**8月**	**9月**	**10月**	**11月**	12月

色彩斑紋はオスメス同じ。斑紋や翅形に季節的な変異が見られる。もともとは奄美諸島で見られたものだが、近年、中国から持ち込まれたと思われる別亜種が関東で繁殖し分布を広げている。この亜種は季節的変異が大きく、春型はかなり白化したものが現れる。生息地は雑木林や林縁、人家周辺に多く見られ、山地には少ない。幼虫の食草は関東ではエノキ、奄美ではクワノハエノキ。

クロコノマチョウ　タテハチョウ科

大きさ：前翅長 35 ～ 45 ㎜
分　布：本州、四国、九州、南西諸島

1月	2月	3月	**4月**	**5月**	**6月**	**7月**	**8月**	**9月**	**10月**	**11月**	12月

オスメスおよび季節による色彩斑紋の変異がある。関東以西、以南に生息し、関東では個体数が少ない。森林性のチョウで、森や木立で林内にほとんど日光が通らず下草の生え方がまばらか、林縁、疎林で食草のあるところが生息地となっている。日中は薄暗い場所に静止し、夕暮れには活発に飛翔する。クヌギの樹液や果実に集まる。幼虫の食草はススキ、ジュズダマ、ヨシなどのイネ科。

オオヒカゲ　タテハチョウ科

大きさ：前翅長 35 ～ 45 ㎜
分　布：北海道、本州

1月	2月	3月	4月	5月	**6月**	**7月**	**8月**	9月	10月	11月	12月

色彩斑紋はオスメスほぼ同じ。大きさや裏面の地色および斑紋に地域的な変異が見られる。淡褐色で後翅の眼状紋が目立つ大型のジャノメチョウ。メスの地色は淡色で後翅表の黒円斑列が大きい。山地性で湿地のある疎林で見られる。北海道では平地から山地まで広く分布するが、関東では低山地に見られる。クヌギなどの樹液にやって来る。幼虫の食草はアブラガヤ、カサスゲなどカヤツリグサ科。

クロヒカゲ　タテハチョウ科

大きさ　前翅長 23 ～ 33 ㎜
分布　北海道、本州、四国、九州

1月	2月	3月	4月	**5月**	**6月**	**7月**	**8月**	**9月**	**10月**	11月	12月

色彩斑紋はオスメスほぼ同じ、季節的変異はない。寒冷地のものは一般に小型のものが多い。雑木林の内部や林道沿いで見られる。薄暗いところが好きで暗い林内を飛ぶが敏感で近づきがたい。幼虫の食草はメダケ、マダケ、アズマネザサ、クマザサなどイネ科のタケ、ササ類。

ヒカゲチョウ　タテハチョウ科

大きさ　前翅長 約 30 ㎜
分布　本州、四国、九州

1月	2月	3月	4月	**5月**	**6月**	**7月**	**8月**	**9月**	10月	11月	12月

別名ナミヒカゲ。色彩斑紋はオスメスほぼ同じ。九州での産地は局所的で少ない。年２回の発生だが山地では年１回になるところもある。林縁、林間の日陰を好みクヌギ林やその周辺でよく見られる。樹液や果実に集まる。幼虫の食草はメダケ、アズマネザサなどタケ、ササ類。

ヒメキマダラヒカゲ　タテハチョウ科

大きさ　前翅長 25 ～ 34 ㎜
分布　北海道、本州、四国、九州

1月	2月	3月	4月	5月	**6月**	**7月**	**8月**	**9月**	10月	11月	12月

色彩斑紋はオスメスほぼ同じ。地理的な大きさの変異が大きく、北海道の山地など寒冷地ではとくに小型となり、日本西南部の暖地では大型となる。北海道では低地にも産するが南下するにつれて山地性となる。幼虫の食草はクマザサ、チシマザサ、スズダケなどタケ、ササの類。

サトキマダラヒカゲ　タテハチョウ科

大きさ　前翅長 26 ～ 39 ㎜
分布　北海道、本州、四国、九州

1月	2月	3月	4月	**5月**	**6月**	**7月**	**8月**	9月	10月	11月	12月

色彩斑紋はオスメスほぼ同じ。季節的な変異が多少あり春型の裏面は夏型より黒化する傾向にある。一般的な生息地は平地から低山地に多く、山地には少なくなる。寒冷地では年１回、より暖地では年２回の発生。幼虫の食草はネザサ、メダケ、マダケなどイネ科のタケ、ササ類。

ヤマキマダラヒカゲ　タテハチョウ科

大きさ　前翅長 27 ～ 37 mm
分布　北海道、本州、四国、九州

1月	2月	3月	4月	5月	6月	7月	8月	9月	10月	11月	12月

色彩斑紋はオスメスほぼ同じ。年2化の地域の春型は夏型にくらべ後翅裏面の黒色部が強く発達する。また、地理的な変異も認められる。関東以南の日本西南部では主として山地に産し、平地には見られない。幼虫の食草はチシマザサ、アズマザサなどイネ科のササ類。

ヒメジャノメ　タテハチョウ科

Si

大きさ　前翅長 18 ～ 31 mm
分布　北海道、本州、四国、九州

1月	2月	3月	4月	5月	6月	7月	8月	9月	10月	11月	12月

色彩斑紋はオスメスほぼ同じ、顕著な変異は認められない。発生は年2回だが暖地では年3～4回となる。路傍、林道、山林、林縁などいたる所で見られ、比較的開けた環境を好み、夕暮れには活発になる。幼虫の食草はイネ、ススキ、チヂミザサ、チガヤなどのイネ科植物。

コジャノメ　タテハチョウ科

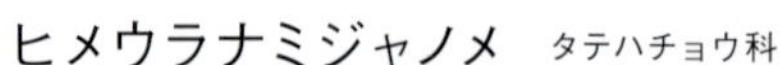

大きさ　前翅長 20 ～ 30 mm
分布　本州、四国、九州

1月	2月	3月	4月	5月	6月	7月	8月	9月	10月	11月	12月

色彩斑紋はオスメスほぼ同じ。季節的な変異があり第1化春型では裏面眼状紋の発達が悪く、夏型では大きく発達する。平地より山地帯にわたって、分布は広いが林地、林縁その近傍にかぎられ林間の日陰を好む。幼虫の食草はチヂミザサ、ススキ、ジュズダマなどのイネ科。

ヒメウラナミジャノメ　タテハチョウ科

大きさ　前翅長 18 ～ 24 mm
分布　北海道、本州、四国、九州

1月	2月	3月	4月	5月	6月	7月	8月	9月	10月	11月	12月

色彩斑紋はオスメスほぼ同じ。季節的、地理的な変異もない。全国各地に普通に見られ、発生は年2回、九州など暖地では3回発生する。草の上を翅を立てて跳躍するように飛ぶ。翅の裏面には細かな波形模様がある。幼虫の食草はシバムギ、カモジグサ、シバなどのイネ科。

ジャノメチョウ　タテハチョウ科

大きさ　前翅長 28 ～ 42 ㎜
分布　　北海道、本州、四国、九州

1月	2月	3月	4月	5月	6月	7月	8月	9月	10月	11月	12月
						■	■	■			

寒冷地のものは一般に小型、暖地のものは大型になる。オスメスによる大きさ、色彩斑紋の差も顕著。全国に広く分布する草原性の種類で、広い草原に多産することが多く、適当な草地さえあれば平地にも見られる。樹液にも花にも来る。幼虫の食草はススキなどのイネ科。

ゴイシシジミ　シジミチョウ科

大きさ　前翅長 10 ～ 17 ㎜
分布　　北海道、本州、四国、九州

1月	2月	3月	4月	5月	6月	7月	8月	9月	10月	11月	12月
				■	■	■	■	■	■		

色彩斑紋はオスメス同じであるが、メスの翅形が目立って丸く前翅外縁は強く丸みをおびる。稀な種ではないが、一般に発生は局地的な傾向が強い。幼虫は純肉食性でタケ、ササ類に寄生するササコナフキツノアブラムシを食餌とする。薄暗い林や林縁のササ類の周辺に見られる。

トラフシジミ　シジミチョウ科

大きさ　前翅長 16 ～ 21 ㎜
分布　　北海道、本州、四国、九州

1月	2月	3月	4月	5月	6月	7月	8月	9月	10月	11月	12月
			■	■	■	■	■				

色彩斑紋はオスメス同じ。季節による色彩の変化が大きい。春型は白のストライプが鮮やかだが、夏型は地色が褐色になり模様がはっきりしない。寒冷地では年1回、暖地では年2回の発生。夏型は個体数が少ない。幼虫の食性は広くフジ、クズ、ウツギなどの花や実を食べる。

ウラゴマダラシジミ　シジミチョウ科

大きさ　前翅長 17 ～ 25 ㎜
分布　　北海道、本州、四国、九州

1月	2月	3月	4月	5月	6月	7月	8月	9月	10月	11月	12月
				■	■	■					

色彩斑紋はオスメスほぼ同じだが、地理的な変異がある。関東地方では平地の雑木林にも少なくないが、暖地ではまれで、九州では主として山地に限られる。年1回の発生。イボタ類の自生する川沿いや湿地などで見られる。幼虫の食草はモクセイ科のイボタノキなどイボタ類。

アカシジミ　シジミチョウ科

大きさ　前翅長 16 ～ 22 mm
分布　北海道、本州、四国、九州

1月	2月	3月	4月	**5月**	**6月**	**7月**	8月	9月	10月	11月	12月

色彩斑紋はオスメスほぼ同じ。全国に広く分布する。年1回の発生、九州では5月中旬から見られる。クリの花蜜を好み、夕暮れ時に活発に活動する。幼虫の食樹はクヌギ、コナラ、カシワなど。

ウラナミアカシジミ　シジミチョウ科

大きさ　前翅長 16 ～ 22 mm
分布　北海道、本州、四国

1月	2月	3月	4月	5月	**6月**	**7月**	**8月**	9月	10月	11月	12月

裏面の斑紋はオスメス同じだが、メスの表面、前翅端に黒帯がある。本州では平地から低山地のクヌギ林に多く、近年は里山林の減少で産地は減っている。幼虫の食樹はクヌギ、コナラ、アベマキなど。

ミズイロオナガシジミ　シジミチョウ科

大きさ　前翅長 11 ～ 18 mm
分布　北海道、本州、四国、九州

1月	2月	3月	4月	5月	**6月**	**7月**	**8月**	9月	10月	11月	12月

色彩斑紋はオスメスほぼ同じ。全国に広く分布する普通種で平地から低山地のクヌギ林に多く見られる。昼間は葉上に静止していることが多く、夕暮れ時に活発になる。幼虫の主な食樹はクヌギ。

ミドリシジミ　シジミチョウ科

大きさ　前翅長 16 ～ 23 mm
分布　北海道、本州、四国、九州

1月	2月	3月	4月	5月	**6月**	**7月**	**8月**	9月	10月	11月	12月

全国に広く分布するが四国、九州などでは局所的になる。オスの翅表は金緑色、メスは変異に富みO型A型B型AB型の4つの型がある。日中は不活発で夕暮れ時に活発になる。幼虫の食樹はハンノキ。

オオミドリシジミ　シジミチョウ科

大きさ：前翅長 17 ～ 23 ㎜
分　布：北海道、本州、四国、九州

1月	2月	3月	4月	5月	6月	7月	8月	9月	10月	11月	12月

オスの翅表は青緑色に輝き美しい。メスは黒褐色。オスの翅表の色は鱗粉の色ではなく、光の干渉によって見られる構造色で、見る角度によって変化する。年1回の発生。平地から山地にかけて広く分布するが群生することはない。関東地方では平地に産する唯一のオオミドリシジミ属である。九州での産地は限られる。一般に6～7月が発生時期で寒冷地では遅れる。平地から低山地のやや乾燥気味の落葉広葉樹林に見られる。オスの活動時間は午前中の10時前後で、夕暮れ活動性はない。オスは日当りのよい林縁などで低木の枝先を占有しスクランブル体制をとり、侵入者がいると激しく追尾する。幼虫の食樹はコナラ、ミズナラなど。

クロシジミ　シジミチョウ科

大きさ　前翅長 17 ～ 23 ㎜
分布　　本州、四国、九州

1月	2月	3月	4月	5月	6月	7月	8月	9月	10月	11月	12月

オスの翅形はとがるが、メスでは幅広く丸みがある。またオスの翅表は暗紫色に光るがメスは暗褐色。年1回の発生。産地は一般に局所的になる。若齢幼虫はアブラムシ類の分泌物をなめて成長し、3齢になるとクロオオアリが地下の巣に運び養う。アリの巣中で越冬し翌春に蛹化、その後羽化し巣から出る。

ヒメシジミ　シジミチョウ科

大きさ　前翅長 11 ～ 17 ㎜
分布　　北海道、本州

1月	2月	3月	4月	5月	6月	7月	8月	9月	10月	11月	12月

オスの翅表は青藍色でメスは暗褐色。地理的、個体的な変異がある。寒冷地を除いては山地に産し、関東北部山地より中部地方山地にかけて分布が広い。年1回の発生。日当たりのよい草地を好み、各種の花を訪れ吸蜜する。幼虫の食草はシロツメクサなどのマメ科を好むが、キク科、タデ科、バラ科など多種にわたる。

アオバセセリ　セセリチョウ科

大きさ：前翅長 23 ～ 31 ㎜
分　布：本州、四国、九州、南西諸島

1月	2月	3月	4月	**5月**	**6月**	**7月**	**8月**	9月	10月	11月	12月

オスメスともに前後翅表の地色は青緑色、裏面地色は表面に比較し翅脈が黒く見える程度にやや淡色となる。後翅肛角部はやや突出し表裏ともに赤橙色斑をあらわす。この色彩斑紋は特異であり類似種はいない。本州の分布北限は青森県。青森県では産地が局限されるが下北半島まで記録がある。通常年２回の発生。南西諸島では発生回数を増すものと思われる。山地の林縁部や渓流沿いで見られ、ウツギの花などで吸蜜するが個体数は多くない。飛翔はきわめて敏速で朝夕に活発に活動することが知られている。幼虫は黄色と黒の縞模様の体に赤色の頭部を持つ芋虫型で食草の葉を丸めて、その中に入っている。幼虫の食草はアワブキなど。

ダイミョウセセリ　セセリチョウ科

大きさ　前翅長 15 ～ 21 ㎜
分布　　北海道、本州、四国、九州

1月	2月	3月	**4月**	**5月**	**6月**	**7月**	**8月**	**9月**	**10月**	11月	12月

色彩斑紋はオスメスほぼ同じ。季節的変異はないが地理的変異がある。北海道では道南部のみに産し、九州など暖地では平地には少ない。発生は暖地では年３回、他は年２回。林地のチョウで山道や林縁に多く、草原には生息しない。飛翔は活発で葉上によくとまる。幼虫の食草はヤマノイモ科のヤマノイモなど。

コチャバネセセリ　セセリチョウ科

大きさ　前翅長 14 ～ 19 ㎜
分布　　北海道、本州、四国、九州

1月	2月	3月	**4月**	**5月**	**6月**	**7月**	**8月**	9月	10月	11月	12月

色彩斑紋はオスメスほぼ同じ。季節的な変異がある。寒冷地や高地帯では年１回その他は通常年２回の発生。春早くから出現する。飛翔は敏活、各種の花を訪れ、路上や小石の上に好んでとまる習性がある。また、獣糞や路上の湿地で吸水したりする。幼虫の食草はタケ、ササ類でクマザサ、アズマザサなど。

ホタルガ　マダラガ科

大きさ　開張 42 ～ 57 mm
分布　本州、四国、九州、対馬

1月	2月	3月	4月	5月	**6月**	**7月**	**8月**	**9月**	10月	11月	12月

触角は両櫛歯状、メスの櫛歯は短い。頭頂から頸部は赤色、胸部と腹部は黒褐色で腹部はわずかに青みをおびる。年２化で６～７月と８～９月に出現する。昼飛性で林間や林縁をひらひらと飛ぶ。オスは灯火にも飛来する。若齢幼虫で越冬する。寄主植物はヒサカキなどサカキ科。

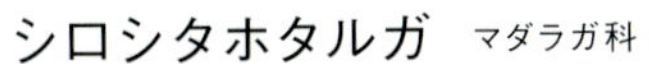

シロシタホタルガ　マダラガ科

大きさ　開張 40 ～ 59 mm
分布　北海道、本州、四国、九州、対馬

1月	2月	3月	4月	5月	**6月**	**7月**	8月	9月	10月	11月	12月

触角は両櫛歯状、メスの櫛歯はやや短い。頭頂から頸部は赤色、胸部と腹部は黒色で腹部は青みをおびる。新鮮な個体は前翅白帯の前後の翅脈が青く光る。昼飛性でメスは花で吸蜜し、緩やかに飛翔する。オスは灯火に飛来する。寄主植物はサワフタギなどのハイノキ科。

ギンモンカレハ　カレハガ科

大きさ　開張 35 ～ 50 mm
分布　北海道、本州、四国、九州、対馬、屋久島

1月	2月	3月	4月	5月	**6月**	**7月**	**8月**	**9月**	10月	11月	12月

オスの触角は櫛歯状。ギンボシカレハと呼ばれた時もあった。前翅の中ほどに大きな銀白色の紋があるのが特徴で間違うことはない。翅の地色は橙赤色や黄褐色など色彩の変異がある。年２化。平地から山地に普通に見られるが、メスは少ない。寄主植物は分かっていない。

オビガ　オビガ科

大きさ　開張 46 ～ 49 mm
分布　北海道、本州、四国、九州、屋久島

1月	2月	3月	4月	**5月**	**6月**	**7月**	**8月**	**9月**	10月	11月	12月

翅の色彩には変異があり、黄褐色から茶褐色の強いものまで濃淡にかなりの変化が見られる。メスの翅はかなり淡色になる。日本固有種で平地から山地まで普通に見られる。オスはよく灯火に飛来するがメスは稀である。寄主植物はハコネウツギ、スイカズラなどスイカズラ科。

オオクワゴモドキ　カイコガ科

大きさ：開張 40 ～ 42 ㎜
分　布：北海道、本州、四国、九州

1月	2月	3月	4月	**5月**	**6月**	**7月**	**8月**	**9月**	10月	11月	12月

オスの触角は基半が櫛歯状、メスは鋸刃状。前後翅の外縁は鋸刃状になり、メスはオスより大きく翅形がやや丸みをおび、翅の色は淡色になる。年2化、春と秋に出現し平地から山地に普通に見られる。寄主植物は各種カエデ類。

オオミズアオ　ヤママユガ科

大きさ：開張 80 ～ 120 ㎜
分　布：北海道、本州、四国、九州、対馬、屋久島

1月	2月	3月	4月	**5月**	**6月**	**7月**	**8月**	9月	10月	11月	12月

平地から山地まで広く分布する。寒冷地では年1化、暖地では年2化。翅の地色は変化があり、青白色から黄色みをおびたものまである。寄主植物はバラ科、ブナ科、カバノキ科、ムクロジ科、ツツジ科など多くの植物を食べる。

エビガラスズメ　スズメガ科

大きさ：開張 80 ～ 105 ㎜
分　布：北海道、本州、四国、九州、南西諸島

1月	2月	3月	4月	**5月**	**6月**	**7月**	**8月**	**9月**	**10月**	**11月**	12月

前翅の斑紋はオスでは黒褐色の横線が明瞭で、メスは不明瞭。口吻は発達してきわめて長い。「エビガラ」は腹部の模様が「海老殻」に似ているため。年2回の発生。寄主植物はヒルガオ科のサツマイモ、ヒルガオ、マメ科のアズキなど。

ブドウスズメ　スズメガ科

大きさ　開張 75 ～ 90 mm
分布　北海道、本州、四国、九州、南西諸島

1月	2月	3月	4月	5月	**6月**	**7月**	**8月**	9月	10月	11月	12月

前後翅ともに地色は紫色がかった赤褐色。年１回の発生。全国に分布し暖地には普通に見られるが、山地や寒冷地では土着していないと推定される。寄主植物はヤブガラシ、ノブドウ、エビヅルなど。

フトオビホソバスズメ　スズメガ科

大きさ　80 ～ 100 mm
分布　本州、四国、九州、対馬、屋久島

1月	2月	3月	4月	**5月**	**6月**	**7月**	**8月**	9月	10月	11月	12月

翅は細く先端が尖る。前翅に黒褐色の明瞭な太い帯がある。年１化、暖地では５月から出現する。生息地は低山地から山地で山地性の蛾といえる。寄主植物はカバノキ科のクマシデ、アカシデなど。

ビロードスズメ　スズメガ科

大きさ　開張 50 ～ 65 mm
分布　本州、四国、九州、対馬、屋久島

1月	2月	3月	4月	**5月**	**6月**	**7月**	**8月**	**9月**	10月	11月	12月

前翅は赤茶褐色で前翅頂には三角形の小黒紋がある。前翅外縁部には個体変異があり淡黄色斑が出る個体とでない個体がある。年２化、５月から出現する。寄主植物はブドウ科、サトイモ科など。

エゾスズメ　スズメガ科

大きさ　開張 90 ～ 110 mm
分布　北海道、本州、四国、九州、対馬

1月	2月	3月	4月	**5月**	**6月**	**7月**	8月	9月	10月	11月	12月

大型のスズメガで翅の地色は灰褐色、翅には独特なチョコレート色の模様がある。とまるときに後翅の一部が前翅より飛び出す特徴がある。年１化。寄主植物はクルミ科のオニグルミ。

ヒサゴスズメ　スズメガ科

大きさ　開張 60 ～ 80 mm
分布　北海道、本州、四国、九州

1月	2月	3月	4月	5月	**6月**	**7月**	8月	9月	10月	11月	12月

前翅外縁は茶褐色で前翅頂には淡褐色紋がある。前翅中部には特徴的な暗褐色紋があり、和名はこの暗褐色紋の形「ひさご」からきている。年1化。寄主植物はカバノキ科のハンノキ、ヤシャブシ。

クルマスズメ　スズメガ科

大きさ　開張 75 ～ 100 mm
分布　北海道、本州、四国、九州、対馬、屋久島

1月	2月	3月	4月	5月	**6月**	**7月**	**8月**	9月	10月	11月	12月

翅は茶褐色で前翅には緩やかにカーブした濃茶色の帯がある。また頭部から腹端まで背部中央に白線が走っている。年1化。幼虫は典型的なイモムシ型。寄主植物はツタ、ノブドウ、エビヅルなど。

オオスカシバ　スズメガ科

大きさ　開張 50 ～ 70 mm
分布　本州、四国、九州、南西諸島

1月	2月	3月	4月	5月	**6月**	**7月**	**8月**	**9月**	10月	11月	12月

羽化直後は翅に灰色の鱗粉があるが、飛び立つときにとれてしまい透明になる。昼行性で吸蜜のため訪花、ホバリングしながら蜜を吸う。寄主植物はアカネ科のクチナシ、アカミズキ、コーヒーノキ。

イカリモンガ　イカリモンガ科

大きさ　開張 約 35 mm
分布　北海道、本州、四国、九州

1月	2月	3月	**4月**	**5月**	**6月**	**7月**	**8月**	9月	10月	11月	12月

色彩斑紋はオスメスほぼ同じ。茶色でやや角ばった形の翅を持つ。前翅には橙赤色のイカリ型の紋がある。裏面の色彩は個体変異が大きい。年1化、昼行性で花に来る。寄主植物はシダのイノデ。

キンモンガ　アゲハモドキガ科

大きさ　開張 16 ～ 21 ㎜
分布　本州、四国、九州

1月	2月	3月	4月	5月	6月	7月	8月	9月	10月	11月	12月

オスメスの触角は微毛状、オスの方が太い。翅は黒地に黄色でよく目立つ。昼行性で葉にとまるときは、翅を広げてとまり、訪花性がある。黄色い紋には変化があり、黄色、淡黄色、白色までさまざま。年2化。各地で普通に見られる。寄主植物はリョウブ科のリョウブ。

アゲハモドキ　アゲハモドキガ科

大きさ　開張 50 ～ 70 ㎜
分布　北海道、本州、四国、九州

1月	2月	3月	4月	5月	6月	7月	8月	9月	10月	11月	12月

オスメスの触角は櫛歯状、メスの櫛歯はきわめて短い。昼行性の種といわれるが、オスは薄暮飛翔性で、夕方飛び回り灯火にも飛来する。メスは完全な昼行性で緩やかに飛翔し花にも来る。年2化。関東では6月と8月に出る。寄主植物はヤマボウシ、ミズキなどのミズキ科。

ネグロトガリバ　カギバガ科

大きさ　開張 35 ～ 46 ㎜
分布　北海道、本州、四国、九州

1月	2月	3月	4月	5月	6月	7月	8月	9月	10月	11月	12月

触角はオスメスともに葉片状で微小毛が生じる。前翅基部から内横線まで濃い茶褐色、その下から外横線まではメリハリのある銀色。前翅中央には小黒斑があり、胸部背面には茶褐色の毛がある。年2化、5～6月と7～8月に出現する。寄主植物はオニグルミの単食性。

オオバトガリバ　カギバガ科

大きさ　開張 44 ～ 50 ㎜
分布　北海道、本州、四国、九州、対馬

1月	2月	3月	4月	5月	6月	7月	8月	9月	10月	11月	12月

触角はオスメスともに葉片状で微小毛が生じる。前翅内横線は4線生じるが中央部の2線は不明瞭となり、全体が帯状に暗褐色になる場合もある。全国的に広く分布し、関東地方周辺では平地から山地まで普通に産する。年2化。寄主植物はブナ科のクヌギ、ミズナラ。

オオマエベニトガリバ　カギバガ科

大きさ　開張 40 ～ 54 mm
分布　北海道、本州、四国、九州

1月	2月	3月	4月	**5月**	**6月**	**7月**	**8月**	**9月**	10月	11月	12月

色彩斑紋はオスメス同じで安定している。翅の大きさには大小がある。前翅の地色は褐色で、基部付近は赤みが強く、前縁沿いは白色から桃色がかる。全国的に広く分布し、平地から山地まで普通に産する。年2化。寄主植物はソメイヨシノ、ウワミズザクラ、ナナカマドなど。

オビカギバ　カギバガ科

大きさ　開張 30 ～ 42 mm
分布　北海道、本州、四国、九州

1月	2月	3月	4月	5月	**6月**	**7月**	**8月**	**9月**	10月	11月	12月

触角はオスメスともに櫛歯状で、メスの枝はオスに比べて短い。翅は全体的に茶褐色で濃い茶褐色の帯状紋があるが、地色や帯状紋の濃淡にはかなりの個体差がある。関東地方では年2化。寄主植物はヤシャブシ、ハンノキ、ダケカンバ、シラカンバなどのカバノキ科に固有。

ヤマトカギバ　カギバガ科

大きさ　開張 29 ～ 34 mm
分布　本州、四国、九州、対馬

1月	2月	3月	4月	**5月**	**6月**	**7月**	**8月**	**9月**	10月	11月	12月

翅の大きさは安定しているが、23mmほどの小さな個体もある。オスの触角は櫛歯状で枝は非常に長く、メスは糸状になる。年2化、春と秋に出現する。関東地方周辺では平地から低山地に生息し、山地には産しない。寄主植物はクリ、クヌギ、コナラ、アベマキなどのブナ科。

ウコンカギバ　カギバガ科

大きさ　開張 32 ～ 45 mm
分布　本州、四国、九州

1月	2月	3月	4月	5月	**6月**	**7月**	**8月**	**9月**	**10月**	11月	12月

色彩斑紋はオスメスほぼ同じ。メスはオスに比べてかなり大きい。触角はオスメスともに櫛歯状。地色は黄褐色で前翅中央から内縁にかけて、ぼやけた褐色斑がある。関東地方では年3回の発生。寄主植物はアカガシ、クヌギ、シラカシ、コナラ、アベマキなどのブナ科。

オオカギバ　カギバガ科

大きさ　開張 45 ～ 66 mm
分布　北海道、本州、四国、九州、対馬、屋久島

1月	2月	3月	4月	5月	6月	7月	8月	9月	10月	11月	12月

色彩斑紋はオスメスほぼ同じ。翅の地色は白色で灰白色の帯状斑が全体に散らばる。触角はオスメスとも葉片状。低山地から山地に普通、昼間弱々しく飛翔する。寄主植物はウリノキの単食性。

クワゴマダラヒトリ　ヒトリガ科

大きさ　開張 41 ～ 48 mm
分布　北海道、本州、四国、九州、対馬、屋久島

1月	2月	3月	4月	5月	6月	7月	8月	9月	10月	11月	12月

オスメスで色彩が異なる。オスは頚板と腹部が橙黄色で翅は淡黒色。メスは大きく翅は黄色みをおびた白色で黒点列に変化がある。年1化。寄主植物はヤナギ類、ウツギ、ガマズミ、クワ、コナラなど。

ウスキツバメエダシャク　シャクガ科

大きさ　開張 36 ～ 59 mm
分布　北海道、本州、四国、九州、南西諸島

1月	2月	3月	4月	5月	6月	7月	8月	9月	10月	11月	12月

触角はオスメスともに糸状。斑紋の変化は多少ある。後翅の外縁部に黄色みをおびる個体もある。本州中部では年2回の発生。灯火に飛来するが、ときに昼間、花にも訪れる。寄主植物は広食性。

ヒョウモンエダシャク　シャクガ科

大きさ　開張 38 ～ 50 mm
分布　北海道、本州、四国、九州、屋久島

1月	2月	3月	4月	5月	6月	7月	8月	9月	10月	11月	12月

オスの触角は櫛歯状、メスは糸状。黒斑の大きさや配列に変化がある。夜間灯火に飛来するが、昼間も花を訪れるなど活発に活動する。日本固有種。年1化。寄主植物はツツジ科のアセビなど。

オオアヤシャク　シャクガ科

大きさ　開張 42 ～ 65 mm
分布　北海道、本州、四国、九州

1月	2月	3月	4月	5月	**6月**	**7月**	**8月**	**9月**	10月	11月	12月

触角はオスメスとも櫛歯状だが、メスは糸状に近い。翅の大きさはオスメスとも個体差が大きい。全国各地で低地から山地まで広く分布する。年2化。寄主植物はモクレン、ホオノキ、タムシバなど。

キマダラオオナミシャク　シャクガ科

大きさ　開張 42 ～ 55 mm
分布　北海道、本州、四国、九州、南西諸島

1月	2月	3月	4月	5月	**6月**	**7月**	**8月**	**9月**	**10月**	**11月**	12月

翅の大きさには個体差があり、北海道産は小型になる。斑紋は暗灰色から黒褐色で変異が見られる。全国的に広く分布し丘陵地から山地まで分布する。年3化。寄主植物はイワガラミ、マタタビなど。

ナカキエダシャク　シャクガ科

大きさ　開張 22 ～ 36 mm
分布　北海道、本州、四国、九州、対馬

1月	2月	3月	4月	**5月**	**6月**	**7月**	**8月**	**9月**	10月	11月	12月

オスの触角は櫛歯状、メスは糸状。翅は前翅、後翅とも淡黄色で前翅にはたくさんの細かな波模様が並行して走り、前翅後翅の後角付近には紫色の紋がある。とまるときは腹端を上に曲げてとまる習性がある。全国に広く分布する。年2化。寄主植物はブナ科のコナラ。

オオゴマダラエダシャク　シャクガ科

大きさ　開張 60 ～ 70 mm
分布　本州、四国、九州、対馬、種子島、屋久島

1月	2月	3月	**4月**	**5月**	**6月**	**7月**	**8月**	**9月**	10月	11月	12月

オスの触角は鋸刃状をなし、メスは微毛状。色彩斑紋の変化もあまり見られない。翅の地色は白色、大小の黒紋の見事なごまだら模様。腹部は橙黄色で体節に沿って黒紋が見られる。低地でも見られる普通種、灯火にも飛来する。年2化。寄主植物はカキノキ科のカキノキ。

蝶の仲間
蛾の仲間
トンボの仲間
甲虫の仲間
バッタの仲間
カメムシの仲間
その他

クワエダシャク　シャクガ科

大きさ　開張 37 ～ 55 mm
分布　北海道、本州、四国、九州、対馬

1月	2月	3月	4月	5月	6月	7月	8月	9月	10月	11月	12月

オスメスの触角は櫛歯状でメスの櫛歯は短い。全体的に褐色で内横線と外横線は黒色で明瞭。前翅の内・外横線の間を翅頂付近から基部にかけて黒色部が広がる。年２化。寄主植物はクワ、固有種。

シロオビクロナミシャク　シャクガ科

大きさ　開張 23 ～ 29 mm
分布　北海道、本州、四国、九州

1月	2月	3月	4月	5月	6月	7月	8月	9月	10月	11月	12月

オスの触角は微毛状、メスは糸状。翅の地色は黒色で前翅先端近くに白色の帯模様がある。昼飛性で、低山地の渓流沿いや湿った山道をよく飛ぶ。年２化。寄主植物はアジサイ科のツルアジサイ。

セダカシャチホコ　シャチホコガ科

大きさ　開張 70 ～ 82 mm
分布　北海道、本州、四国、九州、南西諸島

1月	2月	3月	4月	5月	6月	7月	8月	9月	10月	11月	12月

翅は黄褐色から茶褐色で暖地のものほど濃色になる。前翅には細い濃褐色条と小さな淡黄色紋がある。胸背部に発達した冠毛がそそり立つ。年２化。寄主植物はミズナラ、コナラ、クヌギ、カシ類。

ナカスジシャチホコ　シャチホコガ科

大きさ　開張 40 ～ 46 mm
分布　北海道、本州、四国

1月	2月	3月	4月	5月	6月	7月	8月	9月	10月	11月	12月

触角はオスメスとも両櫛歯状、メスの枝は短い。前翅は縦半分の外側が茶褐色で内側が白色。前翅中央に茶褐色の台形の紋があり、先端部は明るい。年２化。寄主植物はナナカマド、マメザクラ。

カノコガ　ヒトリガ科

大きさ　開張 30 ～ 37 mm
分布　北海道、本州、四国、九州、対馬

1月	2月	3月	4月	5月	**6月**	**7月**	**8月**	**9月**	10月	11月	12月

翅の地色は黒色、白い紋が散りばめられ、鹿の子模様になる。白い紋の部分は半透明。腹部は黒色で2本の黄色い帯がある。平地から低山地の草原や林縁に見られ、昼間活動し、いろいろな花で吸蜜する。年2化。寄主植物はキク科のタンポポ類タデ科のスイバ、ギシギシなど。

キハダカノコ　ヒトリガ科

大きさ　開張 30 ～ 37 mm
分布　本州、四国、九州、対馬、西表島

1月	2月	3月	4月	5月	6月	**7月**	**8月**	**9月**	10月	11月	12月

前種のカノコガに似ており、翅の地色は黒色、白い鹿の子模様がある。腹部の色彩が違い、腹部は黄色地に黒く細い線が数本入る。昼飛性のガで昼間いろいろな草花に蜜を吸いにやって来る。飛び方は上手ではない。寄主植物はオニグルミ、ハコネウツギ、シロタエギクなど。

シロモンアツバ　ヤガ科

大きさ　開張 22 ～ 28 mm
分布　北海道、本州、四国、九州

1月	2月	3月	4月	**5月**	**6月**	**7月**	**8月**	9月	10月	11月	12月

オスの触角は両櫛歯状、メスは微毛状。下唇鬚はオスメスとも長く斜め前方に出る。翅の地色は焦げ茶色、前翅前縁に3対の白紋があり、翅頂寄りの紋は不明瞭となる。低山地から山地に見られ、灯火にも飛来する。寄主植物、幼虫は広葉樹の枯葉を食べると言われている。

シャクドウクチバ　ヤガ科

大きさ　開張 33 ～ 35 mm
分布　本州、四国、九州、対馬、屋久島

1月	2月	3月	4月	**5月**	**6月**	**7月**	**8月**	9月	10月	11月	12月

オスの触角は微毛状。前翅の翅頂は突出し、外縁はなめらかに湾曲する。下唇鬚は斜め前方に突き出る。翅の地色は全体的に暗い赤銅色で翅頂付近の前縁部に三角紋があり横線は不明瞭。年1化。本州は関東地方以南に分布する。寄主植物はキョウチクトウ科のテイカカズラ。

ギンボシキンウワバ　ヤガ科

大きさ　開張 32 ～ 42 ㎜
分布　北海道、本州、四国、九州

1月	2月	3月	4月	5月	6月	7月	8月	9月	10月	11月	12月

翅は橙金色のガで前翅に銀紋が2個付いている。内側の紋はほぼ丸く内側に小突起が見られオタマジャクシ状になる。胸部背面には鶏冠の様な毛が立っている。年1化。寄主植物はキク科のフキ。

オオシラホシアツバ　ヤガ科

大きさ　開張 22 ～ 50 ㎜
分布　北海道、本州、四国、九州、対馬、種子島

1月	2月	3月	4月	5月	6月	7月	8月	9月	10月	11月	12月

オスの触角は繊毛状。下唇鬚は長く突き出る。前翅にはＶ字形をした特徴的な白紋が1対あり、個体によってはこの紋が丸くなる。年1～2回発生し､2化目は小型になる。寄主植物はブナ科のクヌギ。

ハグルマトモエ　ヤガ科

大きさ：開張 55 ～ 75 ㎜
分　布：本州、四国、九州、南西諸島

1月	2月	3月	4月	5月	6月	7月	8月	9月	10月	11月	12月

春型・夏型の季節型がある。前翅の巴紋は大きく特徴的。鮮やかさはないが、大きな巴模様といくつもの筋模様が美しい。夏型のオスは濃い褐色で、メスは淡褐色に黒褐色の縞模様がある。春型は赤褐色で巴紋は不鮮明になる。夜行性でクヌギやコナラなどの樹液に集まり、日中は茂みにじっとしている。年2化、寄主植物はネムノキ。

オスグロトモエ　ヤガ科

大きさ：開張 62 ～ 68 mm
分　布：本州、四国、九州、対馬

1月	2月	3月	4月	5月	6月	7月	8月	9月	10月	11月	12月

斑紋にオスメスの差はないが、春型は赤褐色をしており、夏型のオスは黒褐色で巴状紋をのぞいて横線の発達は悪い。メスは明るい緑褐色で横線は明瞭にでる。本州中部以南の暖地では普通種。寄主植物はマメ科のネムノキ、アカシア。

キシタバ　ヤガ科

大きさ：開張 52 ～ 70 mm
分　布：北海道、本州、四国、九州、対馬

1月	2月	3月	4月	5月	6月	7月	8月	9月	10月	11月	12月

前翅は褐色のまだら模様で、後翅は濃褐色と黄色に鮮やかに色分けされている。この仲間では一番大きい。都市近郊の雑木林でも見られ、クヌギの樹液にやって来る。北海道南部から分布する。年1化。寄主植物はフジなどのマメ科。

ジョナスキシタバ　ヤガ科

大きさ：開張 64 ～ 74 mm
分　布：北海道、本州、四国、九州

1月	2月	3月	4月	5月	6月	7月	8月	9月	10月	11月	12月

前翅は一様に灰白色だが、横線は明瞭にでる。また前翅は暗色化する個体変異がある。後翅は黄色で２本の黒帯があり、この黒帯はつながらない。平地にも分布し、クヌギなどの樹液に来る。年１化。寄主植物はニレ科のケヤキ。

マメキシタバ　ヤガ科

大きさ：開張 41 ～ 48 ㎜
分　布：北海道、本州、四国、九州、対馬

1月	2月	3月	4月	5月	6月	7月	8月	9月	10月	11月	12月

前翅の地色は灰色で、濃褐色の複雑な帯状の模様が入った翅を持つ小型のシタバガの仲間。後翅は黄色と黒色の縞模様。都市近郊の雑木林でも見られ、クヌギなどの樹液に来る。年１化。寄主植物はクヌギ、コナラ、ミズナラなど。

オニベニシタバ　ヤガ科

大きさ：開張 56 ～ 68 ㎜
分　布：北海道、本州、四国、九州、対馬

1月	2月	3月	4月	5月	6月	7月	8月	9月	10月	11月	12月

前翅の基部は暗色で、中央部は白化するものから黒くなるものまで変化がある。後翅は赤く、中央の黒帯は外側に尖り、外縁の黒帯は太い。クヌギなどの樹液にやって来る。寄主植物はクヌギ、コナラ、ミズナラ、アラカシなど。

シロシタバ　ヤガ科

大きさ：開張 80 ～ 95 ㎜
分　布：北海道、本州、四国、九州

1月	2月	3月	4月	5月	6月	7月	8月	9月	10月	11月	12月

前翅の地色は灰色で不鮮明な模様があり、太くて短い１本の黒線がある。後翅は白く、中央と外縁に黒帯がある。都市近郊でも見られ、クヌギなどの樹液に来る。昼間は樹幹に頭を下にしてとまることが多い。寄主植物はウワミズザクラ。

フクラスズメ　ヤガ科

大きさ　開張 約88 mm
分布　北海道、本州、四国、九州、南西諸島

1月	2月	3月	4月	5月	6月	7月	8月	9月	10月	11月	12月

腹部は太くて平たく、長い毛でおおわれる。前翅は茶褐色で横線は黒く明瞭。後翅の青白色の斑紋がよく目立つ。平地から低山地の雑木林で多く見られる普通種。夜にクヌギなどの樹液に集まるが、昼間クワガタなどと一緒にいることもある。幼虫は刺激すると体を激しくゆする。年２化、成虫越冬。寄主植物はイラクサ、カラムシなど。

ムクゲコノハ　ヤガ科

大きさ　開張 約91 mm
分布　北海道、本州、四国、九州 . 南西諸島

1月	2月	3月	4月	5月	6月	7月	8月	9月	10月	11月	12月

前翅は茶褐色でほぼ中央に小黒点がある。翅の濃淡には個体差がある。内・外横線は直線的、湾曲する亜外横線は翅頂から出る。後翅の基半分は黒色で、その中に青紫色の帯状紋がある。外半部は朱赤色。オスの後翅内縁には長い毛束がある。大型で美しいガである。雑木林の樹液に来る。寄主植物はブナ科とクルミ科を食べる。

キシタミドリヤガ　ヤガ科

大きさ　開張 45 ～ 48 ㎜
分布　北海道、本州、四国、九州、対馬、屋久島

1月 2月 3月 4月 5月 6月 7月 8月 9月 10月 11月 12月

前翅は緑色で、腎状紋の外側に大きめの白紋がある。中室の両紋間は黒斑となる。後翅は橙黄色と黒褐色の斑紋を持つ。年1化。暖地では6月下旬から見られる普通種。寄主植物はまだ分かっていない。

マルモンシロガ　ヤガ科

大きさ　開張 32 ～ 40 ㎜
分布　北海道、本州、四国、九州

1月 2月 3月 4月 5月 6月 7月 8月 9月 10月 11月 12月

前翅の地色は少し汚れた銀白色。翅頂近くに褐色の円形紋がある。後翅は白色から黄白色。外方は褐色をおびる。裏面は外横線と横脈紋があらわれる。年2化。寄主植物はオニグルミ、サワグルミなど。

オオウンモンクチバ　ヤガ科

大きさ　開張 45 ～ 50 ㎜
分布　本州、四国、九州、南西諸島

1月 2月 3月 4月 5月 6月 7月 8月 9月 10月 11月 12月

翅の色合いは地味だが、紋様は他には見られない。色彩斑紋には変異があり、前翅前方の横線状に1対の黒点の表れるものもある。年2化。寄主植物はクズ、フジ、ヌスビトハギ、ヤブマメなどマメ科。

ハガタクチバ　ヤガ科

大きさ　開張 約 42 ㎜
分布　北海道、本州、四国、九州、南西諸島

1月 2月 3月 4月 5月 6月 7月 8月 9月 10月 11月 12月

前翅の色彩斑紋には個体変異が著しく、白色帯や青白色帯を持つ個体もある。メスでは中央が広く白色になる個体もある。前翅裏面には3条の黒色帯がある。寄主植物はブナ科のマテバシイ、シラカシ。

オオウスヅマカラスヨトウ　ヤガ科

大きさ　開張 37 ~ 52 mm
分布　北海道、本州、四国、九州、対馬

1月	2月	3月	4月	5月	6月	**7月**	**8月**	**9月**	10月	11月	12月

前翅の地色は海老茶色。中央部が濃褐色で先端部は淡い褐色になる。後翅は一様に黒褐色で縁毛は灰黄色がまざる。寒冷地では一般に小型になる。年1化、山地に普通。寄主植物はアラカシ、ケヤキなど。

カラスヨトウ　ヤガ科

大きさ　開張 39 ~ 45 mm
分布　北海道、本州、四国、九州、屋久島

1月	2月	3月	4月	5月	6月	**7月**	**8月**	**9月**	**10月**	**11月**	12月

全体的に黒色だが、頭部・胸部・脚は濃い墨色。胸部背面と前翅は紫光沢のある黒色。後翅は赤銅色で前縁は赤墨色。年1化。低山地から山地に普通。寄主植物はタンポポ類、ヤブカラシ、アマナなど。

シロスジカラスヨトウ　ヤガ科

大きさ　開張 45 ~ 55 mm
分布　本州、四国、九州、対馬

1月	2月	3月	4月	5月	6月	7月	**8月**	**9月**	**10月**	11月	12月

前翅の地色はビロード状の光沢を持つ黒色で、明瞭な2本の白線が翅の基部近くと外縁部に入る。後翅は灰褐色。低山地から山地の樹液などに来る。年1化。寄主植物はアラカシ、サカキなどの広葉樹。

シロモンノメイガ　ツトガ科

大きさ　開張 16 ~ 22 mm
分布　北海道、本州、四国、九州、南西諸島

1月	2月	3月	**4月**	**5月**	**6月**	**7月**	**8月**	**9月**	10月	11月	12月

前翅後翅とも地色は黒褐色で、白色の紋が全体に散らばる。全国各地の低地から山地まで広く分布する。昼飛性で花に来て吸蜜するが、夜灯火にも飛来する。年2化。寄主植物はまだ知られていない。

アオイトトンボ　アオイトトンボ科

大きさ　体長 34 ～ 48 ㎜
分布　　北海道、本州、四国、九州

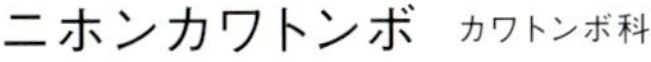

1月	2月	3月	4月	5月	6月	7月	8月	9月	10月	11月	12月

オスは成熟すると複眼は青くなり、胸部と腹端に白粉をおびる。平地から山地の抽水植物の繁茂する池沼・湿地など開けた止水域に生息する。西日本のものは大型になり、九州では産地が限られる。

オオアオイトトンボ　アオイトトンボ科

大きさ　体長 40 ～ 55 ㎜
分布　　本州、四国、九州

1月	2月	3月	4月	5月	6月	7月	8月	9月	10月	11月	12月

平地から山地にかけての林に囲まれた池沼・湿地に生息。夏に羽化した成虫は薄暗い林内で過ごし、秋に成熟すると水辺に戻る。オスメスともに成熟しても胸部に白粉をおびない。各地に普通に見られる。

ニホンカワトンボ　カワトンボ科

大きさ：体長 47 ～ 68 ㎜
分　布：北海道、本州、四国、九州

1月	2月	3月	4月	5月	6月	7月	8月	9月	10月	11月	12月

平地から丘陵地の近くに樹林のある渓流に発生する。全国に広く分布する。幼虫の期間は１～２年程度で、幼虫で越冬する。翅の色に多型がみられ、オスは橙色翅・淡橙色翅・無色翅の３型あり、メスは淡橙色翅・無色翅の２型がある。また、その型は地域によって異なってくる。近縁によく似たアサヒナカワトンボがいる。成熟した橙色翅型のオスは腹部全体に白粉を吹くが、無色翅型のオスは成熟しても白粉を生じない。

ミヤマカワトンボ　カワトンボ科

大きさ：体長 63 ～ 80 mm
分　布：北海道、本州、四国、九州

1月	2月	3月	4月	5月	6月	7月	8月	9月	10月	11月	12月

丘陵地から山地の樹林に囲まれた渓流に生息する。幼虫期間は２～３年程度、幼虫で越冬する。幼虫の体長は60mmになる。国内の均翅亜目の中で最大の種。国内のトンボの中では例外的に縁紋がなく、メスには偽縁紋と呼ばれる白い紋が現れる。オスメスともに翅は赤褐色で後翅に濃褐色斑がある。体色・斑紋の差はほとんどない。交尾後のメスは水面上に産卵に適した植物がないと、水中の植物に潜水産卵を行う。

ハグロトンボ　カワトンボ科

大きさ　体長 54 ～ 68 mm
分布　　本州、四国、九州

1月	2月	3月	4月	5月	6月	7月	8月	9月	10月	11月	12月

平地から丘陵地の河川・用水路に生息する。抽水植物や沈水植物が繁茂する環境を好む。オスメスとも翅は黒褐色で光沢はなく、腹部にも金属光沢がない。国産のトンボの中で例外的に翅に縁紋がない。

モノサシトンボ　モノサシトンボ科

大きさ　体長 38 ～ 51 mm
分布　　北海道、本州、四国、九州

1月	2月	3月	4月	5月	6月	7月	8月	9月	10月	11月	12月

平地から丘陵地の周囲に樹林のある池沼に生息する。幼虫期間は４ヶ月から約１年。幼虫越冬する。オスの脛節は白くやや広がる。成熟すると斑紋が水色になり腹部は定規のような環状紋ができる。

キイトトンボ　イトトンボ科

大きさ　体長 31 ～ 48 mm
分布　本州、四国、九州、対馬、屋久島

1月	2月	3月	4月	5月	6月	7月	8月	9月	10月	11月	12月

平地から山地の抽水植物の繁茂する池沼や湿地に生息、個体数も多く産地も普遍的。幼虫期間は2ヶ月から1年程度。幼虫で越冬する。複眼・胸部は黄緑色、オスの腹部は黄色、メスは黄色から緑色。

セスジイトトンボ　イトトンボ科

大きさ　体長 27 ～ 37 mm
分布　北海道、本州、四国、九州

1月	2月	3月	4月	5月	6月	7月	8月	9月	10月	11月	12月

平地から丘陵地の浮葉植物や沈水植物の繁茂する池沼や流れの緩やかな用水路などに生息。未熟な個体はオスメスとも斑紋が淡青色、オスは成熟すると斑紋が青色になり、メスは緑色～黄褐色になる。

モートンイトトンボ　イトトンボ科

大きさ　体長 22 ～ 32 mm
分布　本州、四国、九州

1月	2月	3月	4月	5月	6月	7月	8月	9月	10月	11月	12月

平地から丘陵地の低湿地など泥深い環境を好み、無農薬の水田で発生することもある。オスは腹端部の橙色が目立ち、メスは体色が橙黄色から緑色へと変化する。成熟したメスは腹部背面に黒条が出る。

アオモンイトトンボ　イトトンボ科

大きさ　体長 29 ～ 38 mm
分布　本州、四国、九州、南西諸島

1月	2月	3月	4月	5月	6月	7月	8月	9月	10月	11月	12月

平地から丘陵地の開放的な河川で沿岸地方に多く、やや水深のある止水域に広く分布する。オスは胸部が緑色で腹部8・9節に青色斑がある。メスは緑褐色～濃褐色になるタイプとオス型タイプがある。

アジアイトトンボ　イトトンボ科

大きさ：体長 24 ～ 34 ㎜
分　布：北海道、本州、四国、九州、南西諸島

1月	2月	3月	4月	**5月**	**6月**	**7月**	**8月**	**9月**	**10月**	11月	12月

平地から山地の抽水植物の繁茂する池沼や湿地、河川の淀みなどに生息する。幼虫期間は1ヶ月半～7ヶ月程度、幼虫で越冬する。オスは胸部が緑色で腹部第9節に青色斑がある。メスは成熟過程で体色が赤から緑色へと変化する。老熟メスは褐色みが強くなる。成熟したオスは湿地の植物にとまって縄張りを持つほか、植物の間を低く飛んでメスを探し、メスを見つけると直ちに連結する。

サラサヤンマ　ヤンマ科

大きさ：体長 57 ～ 68 ㎜
分　布：北海道、本州、四国、九州

1月	2月	3月	4月	**5月**	**6月**	7月	8月	9月	10月	11月	12月

樹林に囲まれた平地から丘陵地の低湿地。放棄水田で見られることも多い。幼虫期間は1～3年程度、幼虫で越冬する。体色は黒地に黄色から緑色の斑紋を持つ小型のヤンマ。メスは翅の基部および結節から翅端にかけて橙色斑がある。成熟したオスは木陰のある湿地で数メートルの範囲をホバリングを交えて縄張り飛翔し、縄張り内で植物に静止してメスを待つ。メスを見つけると飛びかかり連結する。

コシボソヤンマ　ヤンマ科

大きさ：体長 77 ～ 92 ㎜
分　布：北海道、本州、四国、九州

1月	2月	3月	4月	5月	6月	**7月**	**8月**	**9月**	10月	11月	12月

樹林に囲まれた平地から丘陵地の流れに生息する。幼虫期間は1年半～2年程度、越冬態は1年目は卵、2年目以降は幼虫。腹部第3節が強くくびれたヤンマで和名の由来になっている。オスは濃褐色、メスは赤褐色の地色に黄色の斑紋がある。成熟したオスは翅端に小さな褐色斑がある。成熟オスは日の出と日没前後に河川の水面上を低く飛び、数メートルの範囲を往復飛翔して縄張りを占有する。

ミルンヤンマ　ヤンマ科

大きさ：体長 61 ～ 80 ㎜
分　布：本州、四国、九州、南西諸島

1月	2月	3月	4月	5月	6月	7月	8月	9月	10月	11月	12月

オスメスともに地色は黒色。腹部第２～７節に環状の黄色斑が並ぶ。複眼は大きく緑青色の光沢があり美しい。翅は無色透明だが南日本のメスには翅の前縁に褐色の帯が現れる個体がある。樹林に囲まれた丘陵地から山地の上流域に生息する。成虫は黄昏活動性が強く、夏期には日の出と日の入りの前後にもっともよく活動する。成熟したオスは渓流に沿って広範囲に飛んでメスを探す。占有飛翔もする。

アオヤンマ　ヤンマ科

大きさ：体長 66 ～ 79 ㎜
分　布：北海道、本州、四国、九州

1月	2月	3月	4月	5月	6月	7月	8月	9月	10月	11月	12月

全身が鮮やかな緑色の中型のヤンマ。オスメスや成熟過程での体色の変化が少ない。複眼は未成熟のうちは灰褐色で成熟すると緑色になり、青と黒の複雑な模様が入る。翅はほぼ無色だが、未成熟な個体やメスでは橙黄色がかる。オスメスともに腹部背面に太い黒条がはしる。平地から丘陵地のヨシやガマなど背丈の高い植物の繁茂する池沼や湿地に生息する。成熟オスは植物の間を飛びメスを探す。

ヤブヤンマ　ヤンマ科

大きさ：79 ～ 93 ㎜
分　布：本州、四国、九州、南西諸島

1月	2月	3月	4月	5月	6月	7月	8月	9月	10月	11月	12月

体の地色は黒色で黄色の斑紋を持つ大型のヤンマ。成熟すると腹部第２・３節の斑紋が青色に変化する。複眼は成熟オスは深い青色で美しく、メスは緑褐色で青みの強い個体もいる。老熟すると翅は褐色みをおびる。平地から丘陵地の樹林に囲まれた池沼や湿地に生息する。成熟したオスは日中、木の下枝などで静止しているか、木陰の多い池でメスを探したり、岸辺でホバリングしてメスを待つ。

オオルリボシヤンマ　ヤンマ科

大きさ　体長 76 ～ 93 mm
分布　北海道、本州、四国、九州

1月	2月	3月	4月	5月	6月	**7月**	**8月**	**9月**	**10月**	11月	12月

オスは成熟すると斑紋が青くなり、メスの斑紋は緑色と青色の２つの型がある。平地から山地の周囲に樹林のある抽水植物や浮葉植物の繁茂する池沼に生息する。メスは単独で水辺を訪れ産卵する。

ギンヤンマ　ヤンマ科

大きさ　体長 65 ～ 84 mm
分布　北海道、本州、四国、九州、南西諸島

1月	2月	3月	4月	**5月**	**6月**	**7月**	**8月**	**9月**	**10月**	11月	12月

子供たちに人気のあるトンボ。オスは腹部第２・３節に水色の斑紋を持つ。平地から丘陵地の開放的な池沼・河川の淀み、人工的な池に生息する。成熟オスは池沼の上を飛んで縄張り占有飛翔する。

クロスジギンヤンマ　ヤンマ科

大きさ　体長 64 ～ 87 mm
分布　本州、四国、九州、南西諸島

1月	2月	3月	4月	**5月**	**6月**	**7月**	**8月**	9月	10月	11月	12月

オスメスともに胸部の側面に太い２本の黒条がある。成熟オスは腹部の斑紋が青色で、メスは通常黄緑色になる。平地から丘陵地の周囲に樹林のある池沼に生息。浮葉植物の繁茂する環境を好むようだ。

ウチワヤンマ　サナエトンボ科

大きさ　体長 70 ～ 87 mm
分布　本州、四国、九州

1月	2月	3月	4月	5月	**6月**	**7月**	**8月**	**9月**	10月	11月	12月

大型のサナエトンボ。オスメスともに腹部第８節の側縁にうちわ状の突起があり黄色斑がある。平地から丘陵地の水面の開けた池沼や湖に生息する。しばらく林間で生活するが成熟すると水辺に戻る。

コオニヤンマ　サナエトンボ科

大きさ：体長 75 ～ 93 ㎜
分　布：北海道、本州、四国、九州

1月	2月	3月	4月	5月	6月	7月	8月	9月	10月	11月	12月

サナエトンボ科の中で最大の種。オスメスともに体が大きい割には頭部が小さく、後脚の腿節が非常に長い。後頭後縁が平たく盛り上がり、一対の三角形状の突起となる。複眼は離れて横付きになる。丘陵地の周囲に樹林のある河川の中～下流域や小川に生息する。幼虫は赤褐色から黒褐色で、非常に平たく枯葉状をしている。成熟オスは川辺の石などにとまって縄張り占有する。写真の右は羽化の連続写真。

ミヤマサナエ　サナエトンボ科

大きさ　体長 50 ～ 59 ㎜
分布　　本州、四国、九州

1月	2月	3月	4月	5月	6月	7月	8月	9月	10月	11月	12月

腹部第7～9節が広がり腹部8節に大きな黄色斑がある。後脚の腿節が長い。メスは腹部側面の黄色斑が発達する。平地から山地の河川中～下流域に生息。本州から九州に広く分布するが発生地は限られる。

ヤマサナエ　サナエトンボ科

大きさ　体長 62 ～ 73 ㎜
分布　　本州、四国、九州

1月	2月	3月	4月	5月	6月	7月	8月	9月	10月	11月	12月

細身でやや大型のサナエトンボ。腹部第7～9節が少し広がる。オスメスとも胸部の黒条がよく目立つ。丘陵地から山地の樹林に囲まれた河川の中～上流域に生息する。日本特産種。東北地方では少ない。

オニヤンマ　オニヤンマ科

大きさ　体長 82 ～ 114 ㎜
分　布　北海道、本州、四国、九州、南西諸島

1月	2月	3月	4月	5月	6月	7月	8月	9月	10月	11月	12月

日本最大のトンボでメスでは 11cm にもなる。オスメスともに黄色と黒の縞模様。腹部の黄斑は環状で等間隔に並び、地域によって多少の変異がある。複眼は成熟過程で灰褐色から緑色に変化し、左右が一点で接する。翅は透明だが未成熟時には翅の基部に橙色斑があり成熟すると消える。メスはオスより大きく、腹部先端に産卵弁が突き出る。平地から山地の周囲に樹林のある河川中～上流域、小川や湿地などに生息する。成虫がよく見られるのは、水のきれいな小川の周辺、林間など日陰の多い涼しい場所。また道路、池、川の上を悠々とパトロールし住宅地にも現れ、夕暮れ時に人家に入ってしまうこともある。幼虫期間は３～４年、幼虫で越冬する。

ハネビロエゾトンボ　エゾトンボ科

大きさ：体長 58 ～ 66 ㎜
分　布：北海道、本州、四国、九州

1月	2月	3月	4月	5月	6月	**7月**	**8月**	**9月**	**10月**	11月	12月

金属光沢のある緑色したトンボ。オスは腹部第２節の耳状突起が大きく黒色。胸部側面に黄斑があるが、オスは成熟すると一部を残して消える。平地から山地の周囲に樹林のある緩やかな流れや細流に生息する。分布域は北海道から九州と広いが、産地は局所的で近年減少している。成熟したオスは林内や湿地の中を流れる細流上で、長いホバリングを交えて飛び、縄張り占有飛翔する。

オオヤマトンボ　ヤマトンボ科

大きさ：体長 78 ～ 92 ㎜
分　布：北海道、本州、四国、九州、南西諸島

1月	2月	3月	4月	**5月**	**6月**	**7月**	**8月**	**9月**	10月	11月	12月

頭部と胸部が金属光沢のある青緑色で、黄色の条斑を持ち腹部第７節の黄斑が目立つ。オスメスともに顔面に２本の黄色条がある。翅は透明・無斑だが先端が淡橙褐色になる個体もある。平地から丘陵地にかけての水面の開けた池沼や湖に生息する。オスは開放的な水面を岸に沿ってパトロールする。幼虫の体は楕円形で厚みがあり、体長38㎜になる。幼虫期間は２～３年程度、幼虫で越冬する。

コヤマトンボ　ヤマトンボ科

大きさ：体長 67 ～ 81 ㎜
分　布：北海道、本州、四国、九州、屋久島

1月	2月	3月	4月	**5月**	**6月**	**7月**	**8月**	**9月**	10月	11月	12月

頭部と胸部が金属光沢のある青緑色で、黄色の条斑を持ち腹部第７節の黄斑が目立つ。オスメスともに顔面に１本の黄色条がある。腹部第３節の黄斑は上下がつながる。翅は透明だがメスには全体が淡褐色にけむる個体もある。平地から山地の周囲に樹林のある河川、水面の開けた池沼や湖で見られることも多い。成熟オスは岸に沿って広範囲にパトロール飛翔をする。幼虫期間は２～４年、幼虫越冬する。

コシアキトンボ　トンボ科

大きさ　体長 40 ～ 50 ㎜
分布　本州、四国、九州、南西諸島

1月	2月	3月	4月	5月	**6月**	**7月**	**8月**	**9月**	10月	11月	12月

黒みの強い中型のトンボ。腹部第３～４節に白色の斑紋がある。オスメスとも前額が白い。翅は先端部に小さな黒色斑があり、後翅の基部に大きな黒色斑が出るがメスの方が強く出る。平地から丘陵地の周囲を樹林で囲まれた池沼や川の淀みなどに生息する、成熟オスは岸に沿って往復飛翔し、縄張り占有する。

コフキトンボ　トンボ科

大きさ　体長 37 ～ 48 ㎜
分布　北海道、本州、四国、九州、南西諸島

1月	2月	3月	4月	**5月**	**6月**	**7月**	**8月**	**9月**	10月	11月	12月

体は黄褐色の地色に黒条があるが、オスは腹部に白粉を吹く。メスにはオスに似たタイプと翅に帯状の褐色斑紋があるタイプ（オビトンボ型）があり、翅の基部が橙色に染まる。平地から丘陵地の抽水植物の繁茂する開放的な池沼や河川の淀みに生息する。全国に広く分布するが北海道では南部の一部のみ分布する。

ハッチョウトンボ　トンボ科

大きさ：体長 17 ～ 21 ㎜
分　布：本州、四国、九州

1月	2月	3月	4月	**5月**	**6月**	**7月**	**8月**	**9月**	10月	11月	12月

日本で最小のトンボで10円玉に入ってしまう。世界でももっとも小さいトンボの一つ。未成熟なオスは橙色に黒斑があるが、成熟すると全身が赤くなる。また、オスの複眼は下部が黒くなり、赤と黒のツートーンになる。オスメスともに翅の基部を中心に橙色斑が広がる。メスの腹部は赤褐色と黒の縞模様で、三角形の斑紋がある。平地から丘陵地の背丈の低い植物の繁茂する湿原、放棄水田や土砂採集跡地の様な湿地でも見られる。写真で見ると普通の赤トンボのように見えるが、非常に小さく低い草に止まっているため目立たない。湿原特有のトンボとして有名で、各地で保護の対象になっている。広く分布するが産地は限られる。

ショウジョウトンボ　トンボ科

大きさ：38 ～ 55 ㎜
分　布：北海道、本州、四国、九州、南西諸島

1月	2月	3月	4月	5月	6月	7月	8月	9月	10月	11月	12月

中型のトンボで、メスや未成熟のオスは橙黄色～黄褐色をしているが、オスは成熟すると全身が鮮やかな赤色に変化する。オスメスとも翅の基部に橙色斑がある。平地から丘陵地の開放的な池沼や湿地に生息する。オスは抽水植物に止まって縄張り占有する。日本全国に広く分布し、もっとも普通に見られるトンボの一種。北海道では南部の一部に生息するが、八重山諸島では成虫が一年中見られる。

シオカラトンボ　トンボ科

大きさ：体長 47 ～ 61 ㎜
分　布：北海道、本州、四国、九州、南西諸島

1月	2月	3月	4月	5月	6月	7月	8月	9月	10月	11月	12月

中型のトンボ。メスや未成熟のオスの腹部は黄褐色でムギワラ模様、オスは成熟すると6節まで白粉を吹く。メスは老熟しても薄く白粉を吹く程度。オスの複眼は深い水色、メスは緑色。翅の縁紋が黒く目立つ。成熟したオスは水辺で縄張りを持ち、メスを待つ。平地から山地の池沼や湿地、水田、河川の淀みなど広い止水域に生息。全国各地に広く分布し、もっとも普通に見られるトンボの一つ。

オオシオカラトンボ　トンボ科

大きさ：体長 49 ～ 61 ㎜
分　布：北海道、本州、四国、九州、南西諸島

1月	2月	3月	4月	5月	6月	7月	8月	9月	10月	11月	12月

オスメスともに複眼は黒褐色、翅の縁紋は黒色、翅端に小さな褐色紋があり、後翅の基部に三角形の黒褐色斑がある。成熟したオスは腹部全体的に青い粉を吹く。メスの腹部は前半には黄斑があり、後半は黒色部が広がる。平地から丘陵地の周囲に樹林のある水田や湿地、池沼などに生息する。全国的に広く分布するが北海道では少ない。成熟したオスは水辺に静止し、縄張り占有しメスを待つ。

コハンミョウ　ハンミョウ科

大きさ　体長 11 ～ 13 ㎜
分布　本州、四国、九州、南西諸島

1月	2月	3月	4月	**5月**	**6月**	**7月**	**8月**	**9月**	**10月**	11月	12月

背面は暗銅色から緑銅色。上翅は青紫色に光る点刻をよそおい、細い白帯と小さな白点がある。体下面は緑色から青緑色に光る。河原や丘陵地など比較的乾いた砂地で見られる。地面を素早く走り、他の小昆虫を捕えて食べる。幼虫は地面に穴を掘り、小昆虫を捕えて食べる。

トウキョウヒメハンミョウ　ハンミョウ科

大きさ　体長 9 ～ 10 ㎜
分布　本州、九州

1月	2月	3月	4月	5月	**6月**	**7月**	**8月**	9月	10月	11月	12月

体色は赤紫色をおびた銅色をしている。上翅にはあまり目立たない小さな白斑紋がある小型のハンミョウ。本種は林縁や市街地の公園、民家の庭先などで見られる。地面を素早く走り、他の小昆虫などを捕えて食べる。幼虫も肉食で地面に穴を掘り、小昆虫を捕えて食べる。

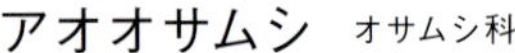

アオオサムシ　オサムシ科

大きさ　体長 25 ～ 32 ㎜
分布　本州

1月	2月	3月	4月	**5月**	**6月**	**7月**	**8月**	**9月**	**10月**	11月	12月

体は黒色。体上面は金緑色で金属光沢があり、ときには赤銅色の個体も現れ色彩の変化があり、地域的な色彩の変化も認められる。上翅には各４条の鎖線状の隆条があり、第４条は顆粒列となる。森林に生息し、夜行性で夜に出歩きミミズなどを捕えて食べる。

セアカオサムシ　オサムシ科

大きさ　体長 16 ～ 22 ㎜
分布　北海道、本州、四国、九州

1月	2月	3月	4月	**5月**	**6月**	**7月**	**8月**	**9月**	10月	11月	12月

体色は黒色。前胸背板は鈍い赤銅色、上翅は銅色から暗銅色で側縁部には金属光沢の赤銅色から金緑色に光る縁取りがある。上翅には各３条の縦長の大顆粒があり、その間に小顆粒の列がある。生息地は平地の畑地、草原、河原、雑木林など比較的明るい環境の場所にいる。

トウホククロナガオサムシ　オサムシ科

大きさ　体長 26 ～ 32 ㎜
分布　本州

1月	2月	3月	4月	5月	6月	7月	8月	9月	10月	11月	12月

体色は黒色。前胸背板・上翅は渋みのある青色をおび、上翅は密な点刻列をよそおう。関東から東北にかけて分布する。河川敷や丘陵地、山地に生息する。朽木や朽木の樹皮下、土中で成虫越冬する。

ヒメマイマイカブリ　オサムシ科

大きさ　体長 36 ～ 49 ㎜
分布　本州

1月	2月	3月	4月	5月	6月	7月	8月	9月	10月	11月	12月

頭部と胸部が細長いオサムシの仲間。日本固有種で地域的な変異が大きく数種類の亜種に分けられている。全身が艶のない黒色で頭部と前胸背面は青紫色の金属光沢をおびる。カタツムリを捕食する。

ゲンゴロウ　ゲンゴロウ科

大きさ　体長 35 ～ 40 ㎜
分布　北海道、本州、四国、九州、南西諸島

1月	2月	3月	4月	5月	6月	7月	8月	9月	10月	11月	12月

日本産のゲンゴロウ類の中で最大の種。成虫の体形は卵型で水の抵抗の少ない流線型、体色は緑色から暗褐色。体上面はオスでは滑らかで光沢がありメスは縦皺が蜜で光沢は弱い。上翅側縁部は黄色で脚は黄褐色、後脚には遊泳毛を持ち泳ぎに適している。平地から低山地にかけての河川の淀み、池沼、田んぼなどに生息。成虫、幼虫とも肉食性で成虫は弱った小魚や水生小動物を食べる。全国的に生息数が激減している。

コシマゲンゴロウ　ゲンゴロウ科

大きさ　体長 約10㎜
分布　北海道、本州、四国、九州

1月	2月	3月	4月	5月	6月	7月	8月	9月	10月	11月	12月

体色は黄褐色でやや赤みをおび光沢がある。体上面の斑紋は黒色、上翅は縦条紋を現すが多少の変化がある。中脚、後脚は多少暗色。体上面は弱い点刻をよそおう。上翅の点刻列はやや不明瞭。平地の水深の浅い池や沼、湿地、水田などに生息し、夜間灯火にも飛来する。

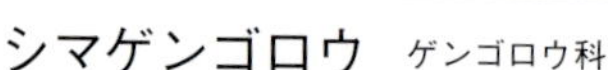

シマゲンゴロウ　ゲンゴロウ科

大きさ　体長 約14㎜
分布　北海道、本州、四国、九州

1月	2月	3月	4月	5月	6月	7月	8月	9月	10月	11月	12月

体は黒色で光沢がある。前胸背板は黄褐色、前後縁は黒色。上翅には各２列の縦条紋と小楯板の斜め後方に小円紋がありともに黄褐色。体下面、脚は暗赤褐色。上翅には明瞭な点刻列をそなえる。おもに平地の池沼、湿地、水田、休耕田など里山的環境の良好な地域に生息する。

ハイイロゲンゴロウ　ゲンゴロウ科

大きさ　体長 約14㎜
分布　本州、四国、九州、南西諸島

1月	2月	3月	4月	5月	6月	7月	8月	9月	10月	11月	12月

体は淡黄褐色で光沢がある。体上面の斑紋は黒色、微細な点刻を密によそおう。上翅は明瞭な黒色の点刻による３点刻列があり、側縁後半には短いとげ状の歯が並ぶ。上翅端はやや尖る。浅い池や沼、湿地、水たまり、水田などに生息し、暖地ではほぼ一年中見られる。

ヒメゲンゴロウ　ゲンゴロウ科

大きさ　体長 約12㎜
分布　北海道、本州、四国、九州、南西諸島

1月	2月	3月	4月	5月	6月	7月	8月	9月	10月	11月	12月

普通に見られる小型のゲンゴロウ。体は黄赤褐色から暗赤褐色でやや光沢がある。前胸背板の中央の紋、小楯板、体下面は黒色。上翅には各３条の点刻列があるが弱い。全国に分布し、おもに平地の浅い池、沼、小川、水田などに生息する。暖地ではほぼ一年中見られる。

オオクワガタ　クワガタムシ科

大きさ：体長 ♂ 30 ～ 72 ㎜　♀ 36 ～ 42 ㎜
分　布：北海道、本州、四国、九州、対馬

1月	2月	3月	4月	5月	6月	7月	8月	9月	10月	11月	12月

日本最大級のクワガタ。飼育下における繁殖法が確立されているものの、乱獲により多大な被害を受けた種である。体は黒色で光沢があり小型のオスやメスでは強い。オスの体長は変化が著しく、大腮の形も変化する。ほぼ全国的に分布するが、生息地はブナ帯の原生林やクヌギの台木林に集中し局所的。成虫は夜行性で、昼間はクヌギ台木の樹液の出ている樹洞などに隠れている。性質はおとなしく臆病で、すぐ洞に隠れる。

オニクワガタ　クワガタムシ科

大きさ　体長 20 ～ 24 ㎜
分布　　北海道、本州、四国、九州

1月	2月	3月	4月	5月	6月	7月	8月	9月	10月	11月	12月

体は暗褐色～黒色で光沢がある。大顎は短く上向きに湾曲し内側に鋸刃状の歯がある。クワガタでは小型の種、山地性だが北海道では平地でも見られる。朽木の中から発見されるが、灯火にも飛来する。

ヒラタクワガタ　クワガタムシ科

大きさ　体長 ♂ 39 ～ 73 ㎜　♀ 25 ～ 34 ㎜
分布　　本州、四国、九州、屋久島

1月	2月	3月	4月	5月	6月	7月	8月	9月	10月	11月	12月

クワガタでは最大級。生息地域や個体差によって大きさに幅がある。体形は平べったく幅広く、体色は黒褐色から黒色。平地から山地の森林に生息する。西日本では普通だが、東日本では少ない。

夏 なつ

蝶の仲間 蛾の仲間 トンボの仲間 甲虫の仲間 バッタの仲間 カメムシの仲間 その他

ノコギリクワガタ　クワガタムシ科

大きさ　体長 ♂ 36 ～ 71 ㎜　♀ 24 ～ 30 ㎜
分　布　北海道、本州、四国、九州、対馬、屋久島

1月	2月	3月	4月	5月	6月	7月	8月	9月	10月	11月	12月

体は暗赤褐色から黒褐色で光沢は鈍い。オスの大顎は体長により変化が大きい。体長が55㎜以上の大型個体では、大きく湾曲した大顎を持つが、中型の個体では大顎がゆるやかな湾曲となり、小型の個体では湾曲せず直線的になり内側の歯は鋸刃状となる。日本全国に広く生息している代表的なクワガタ。平地から山地までの広葉樹の森林や雑木林、人間が手を入れた環境にもよく馴染み住みつき、都市近郊の小規模な林まで生息している。基本的には夜行性で、昼間は樹液の出る樹上の小枝で休んでいるが、昼間でも樹液に来ているのを見られることが多い。樹を蹴ると、振動を感じ擬死して落ちてくることから、古くから少年たちに採集されてきた。

ミヤマクワガタ　クワガタムシ科

大きさ　体長 ♂ 43 〜 72 ㎜　♀ 32 〜 39 ㎜
分　布　北海道、本州、四国、九州

1月	2月	3月	4月	5月	6月	7月	8月	9月	10月	11月	12月

いかにもクワガタらしい風貌から、ノコギリクワガタとともに古来からクワガタの代表として親しまれてきた。普通種でほぼ日本全国に分布している。オスは頭部に冠状の突起（耳状突起）がある。これはミヤマクワガタの最大の特徴である。オスでは体表に細毛が生えており、金色から褐色に見えるが、だんだん脱落する。オスの大顎には3つの型があり、エゾ型、ヤマ型（基本型）、サト型（フジ型）がある。樹を蹴ると他のクワガタと同様に落ちてくるが、擬死体型にはならず脚を伸ばしたまま硬直するか、そのまま動き出して逃げるか他のクワガタとは違う。本種は丘陵地から山地にかけての樹林に多く見られ、人間の手つかずの自然が残る環境を好む傾向がある。

コクワガタ　クワガタムシ科

大きさ　体長 ♂ 22 ～ 54 ㎜　♀ 20 ～ 31 ㎜
分布　北海道、本州、四国、九州、対馬、屋久島

1月	2月	3月	4月	5月	6月	7月	8月	9月	10月	11月	12月

体は上下に平たく黒い体色をしているが、赤褐色をおびる個体もある。オスの大顎はオオクワガタやヒラタクワガタに比べると細長く前方に伸びる。オスの体上面は全体に密で光沢は弱い。メスは前胸背板にやや強い光沢を持ち、上翅の縦縞は並行となる。生息数が多く森林だけでなく公園や小規模な緑地でも見られ、もっとも馴染み深い種類である。クヌギ、コナラ、カシ類などの広葉樹の樹液に集まる。

スジクワガタ　クワガタムシ科

大きさ　体長 ♂ 18 ～ 30 ㎜　♀ 14 ～ 20 ㎜
分布　北海道、本州、四国、九州、対馬、屋久島

1月	2月	3月	4月	5月	6月	7月	8月	9月	10月	11月	12月

オスの大顎は2つの内歯がつながったような四角に広がった大きい内歯を持つ。メスや小型のオスは上翅にはっきりとした縦筋が並行して走る。体色は黒色から赤褐色で体形は細く、小型のオスでは内歯が消失しメスより小さくなる。平地から山地の広葉樹の森林に生息し、クヌギやコナラなどの樹液に集まる。

センチコガネ　センチコガネ科

大きさ　体長 14 ～ 20 ㎜
分布　北海道、本州、四国、九州、対馬、屋久島

1月 2月 3月 **4月 5月 6月 7月 8月 9月 10月 11月** 12月

糞や腐肉を餌にするいわゆる糞虫の仲間。金属光沢のある鮮やかな体色をしている。成虫の体長は 2cm ほどの小型の甲虫で、頭部背面をおおった頭楯の前縁が半円形をしている。前翅には縦筋があり、体色は紫色、藍色、金色など個体変異があり、鈍い金属光沢を持つ。成虫が見られるのは夏が多く、ウシやウマの糞、動物の死骸などに見られる。夕方に地表近くを低空飛行で糞などの餌を探し、片付けてくれる掃除屋。

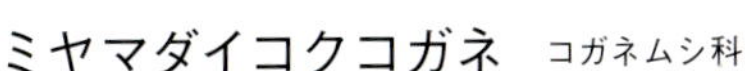

ミヤマダイコクコガネ　コガネムシ科

大きさ　体長 17 ～ 22 ㎜
分布　本州、四国、九州

1月 2月 3月 4月 5月 6月 **7月 8月 9月** 10月 11月 12月

山地の牧場で見られる糞虫。どこでもそれほど多くはない。低地にいるダイコクコガネとは標高で明瞭に棲み分けが見られる。ダイコクコガネに似るが、前胸背板の前角はまるく角ばることはない。中央の縦溝は強く明瞭、上翅の縦条はやや深く間室はやや中高、前脛節の外歯は 3 本。オスは変異が大きく、大型のものは頭部に長角をそなえ、前胸背板の瘤状突起も大きいが、小型のオスは頭角も瘤も小さくメスに似る。

カブトムシ　コガネムシ科

大きさ　体長 30 ～ 55 ㎜（♂の角を除く）
分　布　北海道、本州、四国、九州、南西諸島

1月	2月	3月	4月	5月	6月	7月	8月	9月	10月	11月	12月

子供たちに人気のある馴染み深い大型の甲虫。かつては日本最大の甲虫だったが、沖縄でヤンバルテナガコガネが発見されその座を譲った。オスは光沢のある黒褐色から赤褐色で、頭部には先端が４つに分かれた長くて立派な角を持ち、前胸部にも先が２つに分かれた短い角がある。メスは腐葉土や堆肥にもぐり、数回に分けて産卵する。卵は２～３㎜の楕円形、数日たつと丸く膨らみ 10 日ほどで孵化する。幼虫は腐葉土や軟らかい朽木などを食べて成長し、晩秋には 10cm の大きさになり越冬する。冬を過ごした幼虫は土中に縦長の蛹室を作り蛹になる。やがて羽化した成虫は地上に現れる。成虫は夜行性でクヌギ、コナラなどの樹液に集まる。灯火にも飛んで来る。

カナブン　コガネムシ科

大きさ　体長 22 ～ 30 mm
分布　本州、四国、九州、対馬、屋久島

1月	2月	3月	4月	5月	6月	7月	8月	9月	10月	11月	12月

体の色彩には変化があり、緑銅色から暗緑色で鈍い光沢がある。雑木林の林内や周辺で普通、都市部の公園でも見られる。飛行能力に優れ日中活発に活動し、樹液に集まったり林の周辺を飛び回る。

アオカナブン　コガネムシ科

大きさ　体長 25 ～ 29 mm
分布　北海道、本州、四国、九州

1月	2月	3月	4月	5月	6月	7月	8月	9月	10月	11月	12月

体は鮮やかな金属光沢のある緑色。カナブンに似るがやや細型、前胸背板の点刻は細かい。低山地から山地の広葉樹林にすみ、冷涼な環境を好み山地性が強い。樹林のクヌギ、コナラなどの樹液に集まる。

クロカナブン　コガネムシ科

大きさ　体長 23 ～ 28 mm
分布　本州、四国、九州

1月	2月	3月	4月	5月	6月	7月	8月	9月	10月	11月	12月

平地から山地にかけて生息する。体形は他のカナブンに似るが、体色が漆黒なので見間違うことはない。飛翔能力に優れよく飛び回り、群れることは少なく単独のことが多い。クヌギなどの樹液に来る。

アカマダラハナムグリ　コガネムシ科

大きさ　体長 16 ～ 21 mm
分布　本州、四国、九州

1月	2月	3月	4月	5月	6月	7月	8月	9月	10月	11月	12月

体上面は赤褐色で黒色の不規則な小紋が散在する。体下面は黒色で光沢がある。幼虫が大型の鳥類の巣で成長することが近年になってわかった。成虫はクヌギ、ナラなどの樹液に来るが数は少ない。

シロテンハナムグリ　コガネムシ科

大きさ　体長 20 ～ 25 mm
分布　　本州、四国、九州、対馬

1月	2月	3月	4月	5月	**6月**	**7月**	**8月**	9月	10月	11月	12月

体色は銅色から暗緑色で、つねに緑色の光沢をともなう。頭楯の前縁はやや強く上反し、中央は湾入する。平地から低山地の雑木林などに生息し、カナブンと一緒に樹液に来ていることが多い。

コアオハナムグリ　コガネムシ科

大きさ　体長 11 ～ 16 mm
分布　　北海道、本州、四国、九州、南西諸島

1月	2月	3月	**4月**	**5月**	**6月**	**7月**	**8月**	**9月**	**10月**	11月	12月

花に来るハナムグリでは小型。体色は緑色で白色の斑紋があり毛がまばらに生えている。光沢はなく、腹面は黒い。体色は多少の個体差がある。日当たりのよい草原で花に来て花粉などを食べる。

コフキコガネ　コガネムシ科

大きさ　体長 25 ～ 31 mm
分布　　本州、四国、九州

1月	2月	3月	4月	5月	**6月**	**7月**	**8月**	9月	10月	11月	12月

体の地色は暗褐色で、体上面は灰黄色から淡褐色の毛を密によそおい粉が吹いているように見える。オスの触角は片状部が大きく発達している。日中は樹上で広葉樹の葉を食べ、夜灯火に飛来する。

ドウガネブイブイ　コガネムシ科

大きさ　体長 17 ～ 25 mm
分布　　北海道、本州、四国、九州

1月	2月	3月	4月	5月	**6月**	**7月**	**8月**	9月	10月	11月	12月

全身が鈍い銅色をし、ずんぐりした体形のコガネムシ。成虫はブドウなどの葉の他、いろいろな広葉樹の葉や花なども食べる。平地から山地の広葉樹林に生息する。夜行性で灯火にもよく飛来する。

マメコガネ　コガネムシ科

大きさ　体長 10 ～ 15 mm
分布　北海道、本州、四国、九州、対馬

1月	2月	3月	4月	5月	**6月**	**7月**	**8月**	**9月**	10月	11月	12月

体型は卵形で体表面は強い金属光沢がある、小型のコガネムシ。腹節の縁には白い短毛が密生し、体の縁に白い横縞模様があるように見える。日本全土に分布し、マメ科植物類、ブドウ類の花や葉を食べる。

アシナガコガネ　コガネムシ科

大きさ　体長 6 ～ 9 mm
分布　本州、四国、九州、屋久島

1月	2月	3月	4月	**5月**	**6月**	**7月**	**8月**	9月	10月	11月	12月

黄緑色から黄褐色の微毛でおおわれた小さなコガネムシ。後脚は太くて長い。地理的な変異はないが、個体変異が見られる。平地から山地まで広く生息する。日当たりのよい花に来て蜜や花粉を食べる。

セマダラコガネ　コガネムシ科

大きさ　体長 8 ～ 13 mm
分布　北海道、本州、四国、九州、対馬、屋久島

1月	2月	3月	4月	5月	**6月**	**7月**	**8月**	9月	10月	11月	12月

体は薄茶色と黒色のまだら模様。体色には変異があり全身が黒くなる個体もある。触角は体の割には大きめで、アンテナのように広げていることが多い。雑木林周辺の葉上でよく見られる普通種。

ヒメトラハナムグリ　コガネムシ科

大きさ　体長 8 ～ 13 mm
分布　北海道、本州、四国、九州、屋久島

1月	2月	3月	4月	**5月**	**6月**	**7月**	**8月**	9月	10月	11月	12月

頭部、胸部は黒褐色でやや光沢がある。上翅は茶褐色と黒褐色の縞模様、多少の変化が見られる。前胸部や腹部周辺には淡黄色の毛が密生する。各種の花に集まり花粉を食べる。幼虫は朽木を食べる。

ゲンジボタル　ホタル科

大きさ　体長 12 ～ 18 ㎜
分　布　本州、四国、九州

1月	2月	3月	4月	5月	**6月**	**7月**	8月	9月	10月	11月	12月

日本の初夏の風物詩ともいえる蛍狩り、もっとも親しまれているホタルである。体色は黒色であるが、前胸部の左右が淡赤色で、中央に十字架形の黒い模様がある。尾部には発光器官があり、オスは第６節と７節が発光するが、メスは第６節だけが発光する。卵ははじめ黄白色だが、やがて黒ずんできて約１ヶ月で孵化する。幼虫は灰褐色のイモムシのような形で、カワニナを捕食しながら成長し、翌年の春には２～３cm に成長する。充分に成長した幼虫は、雨の日の夜に川岸へ上陸する。川岸のやわらかい土中にもぐり込み、周囲の泥を固めてマユを作りその中で蛹になる。蛹ははじめ黄白色で、やがて成虫の黒い体が見えてくる。成虫は６月頃に羽化してくる。

ジョウカイボン　ジョウカイボン科

大きさ　体長 14 ～ 18 mm
分布　北海道、本州、四国、九州

1月	2月	3月	4月	5月	6月	7月	8月	9月	10月	11月	12月

触角が長くスマートな体形の茶色い甲虫。林の周辺や草原など色々な場所で見られ個体数も多い。葉に止まっていることが多いがよく飛び回る。成虫幼虫とも他の昆虫を捕えて食べる肉食昆虫。

オオクシヒゲコメツキ　コメツキムシ科

大きさ　体長 21 ～ 33 mm
分布　北海道、本州、四国、九州、南西諸島

1月	2月	3月	4月	5月	6月	7月	8月	9月	10月	11月	12月

体色は暗赤褐色から黒褐色、触角や脚は赤褐色。背面には黄褐色のやや強い毛を密生する。オスの触角は第4節からひげ状になる。枯れ木や樹液、灯火に集まるが、樹液に来ていることが多い。

サビキコリ　コメツキムシ科

大きさ　体長 12 ～ 16 mm
分布　北海道、本州、四国、九州、対馬、屋久島

1月	2月	3月	4月	5月	6月	7月	8月	9月	10月	11月	12月

体の表面は錆びたような色と質感を持つコメツキ。触角、脚は暗褐色、背面は褐色の鱗毛で密におおわれるが、ときには灰白色の毛の斑紋を持つ。林内、林縁の樹液の出ているところに来ることが多い。

ヒゲコメツキ　コメツキムシ科

大きさ　体長 24 ～ 30 mm
分布　北海道、本州、四国、九州、南西諸島

1月	2月	3月	4月	5月	6月	7月	8月	9月	10月	11月	12月

体は赤褐色から暗褐色で、淡黄色の微毛をよそおう。上翅は微毛による斑紋を形成する。複眼は大きく半球状。オスの触角は長く第3節からひげ状、メスでは短く鋸歯状になる。脚は細く長い。

アオマダラタマムシ　タマムシ科

大きさ：体長 16 ～ 30 ㎜
分　布：本州、四国、九州

1月	2月	3月	4月	5月	6月	7月	8月	9月	10月	11月	12月

体は青緑色で金属光沢があり、体色には個体変異がある。体下面は明るい金緑色。前胸背板の側縁にやや幅広い金色の縦条紋がある。上翅全体に黄白色の小紋が並び、中央の前後に各２対のやや大きな金色の陥凹紋がある。サクラ、ウメ、ツゲなどの枯れ木や衰弱木に集まり、幼虫はそれらの材を食べて育つ。幼虫の期間は約２年。晩夏から初秋にかけて材の中で羽化し、新成虫はそのまま蛹室内にとどまり越冬する。

ウバタマムシ　タマムシ科

大きさ　体長 24 ～ 40 ㎜
分布　本州、四国、九州、対馬、屋久島

1月	2月	3月	4月	5月	6月	7月	8月	9月	10月	11月	12月

体色は金銅色から赤銅色で鈍い光沢があり、黄灰色の粉をよそおう。上翅は縦隆条があり、頭部、前胸背板にもしわ状の隆起がある。成虫はマツ類の枯れ木や衰弱木に集まり、幼虫はその材を食べる。

クロタマムシ　タマムシ科

大きさ　体長 14 ～ 22 ㎜
分布　北海道、本州、四国、九州

1月	2月	3月	4月	5月	6月	7月	8月	9月	10月	11月	12月

体色は暗銅色でやや光沢がある。色彩の変化は多くかなり個体差がある。上翅は明瞭な条溝があり周辺部でやや強く点刻される。マツ類モミ類などの針葉樹の枯れ木に見られ、幼虫はその材を食べる。

タマムシ　タマムシ科

大きさ　体長 30 ～ 41 ㎜
分　布　本州、四国、九州、対馬、屋久島

1月	2月	3月	4月	5月	6月	7月	8月	9月	10月	11月	12月

タマムシ科には大小さまざまな種類があり、その中でもこのタマムシは美しい外見を持つことから古来より珍重されてきた。この種の上翅は構造色によって金属光沢を発しているため死後も色あせず、装身具に加工されたり法隆寺の宝物「玉虫厨子」の装飾として使われたりしている。別名をヤマトタマムシといい、細長い体形の甲虫で、全体に緑色の金属光沢があり背面に虹の様な赤と緑の縦筋が入る。真夏の日中、特に日差しの強い日によく活動し、成虫の餌であるエノキやケヤキなどニレ科の広葉樹の樹上をキラキラ光りながら旋回する。警戒心が強く、動きは機敏で人が近付くと動きを止め、さらに近づくと飛び去ったり落下したりする。

シロオビナカボソタマムシ　タマムシ科

大きさ：体長 6 ～ 9 ㎜
分　布：北海道、本州、四国、九州

1月	2月	3月	**4月**	**5月**	**6月**	**7月**	8月	9月	10月	11月	12月

全国各地に広く分布し、平地から低山地の林縁や林道の縁、小川に沿って見られる。成虫はキイチゴ類の葉上に集まる。頭部、胸部はやや明るい金銅色から緑をおびた青銅色。前胸背板はやや明るく金銅色でやや赤みをおびることもある。上翅は青銅色ないし紫銅色で発生が遅くなると紫藍色をおびるものがおおくなる。体下面、脚は金銅色をおびる。上翅端は切断状でとげ状の突起がある。

マスダクロホシタマムシ　タマムシ科

大きさ：体長 7 ～ 13 ㎜
分　布：本州、四国、九州、屋久島

1月	2月	3月	4月	**5月**	**6月**	**7月**	**8月**	9月	10月	11月	12月

平地から山地の針葉樹の林縁や、路肩に積まれたスギやヒノキの伐採木に集まる。小型のきれいなタマムシ。体上面は金色から赤橙色で緑色の金属光沢がある。光の当たり具合で金色から赤橙色に変化して見える。前胸背面と上翅には藍色をおびた黒色紋があるが、個体変異が大きい。成虫はスギやヒノキの葉、枝を後食し、メスは樹皮の割れ目に産卵する。幼虫はこれらの樹木の材を食べて育つ。

ムツボシタマムシ　タマムシ科

大きさ：体長 7 ～ 12 ㎜
分　布：北海道、本州、四国、九州、対馬、屋久島

1月	2月	3月	4月	**5月**	**6月**	**7月**	**8月**	9月	10月	11月	12月

平地から山地の広葉樹の林に見られる。平地ではクリ、クヌギ、コナラなどの枯れ木や伐採木に集まる。小型のタマムシだが大きな目が良く見えるのか、近寄ると敏感に逃げる。よく飛ぶがあまり遠くへは行かず戻って来る。体色は変化が多く、紫黒色、銅紫色、青銅黒色と多彩だ。前胸背板は紫赤色の金属光沢をおびる。上翅の３対の凹陥紋は大きく、金色から緑金色。体下面は金緑色から金赤色。

ムナビロオオキスイ　オオキスイムシ科

大きさ　体長 約 13 mm
分布　本州、四国、九州

1月	2月	3月	4月	5月	**6月**	**7月**	**8月**	**9月**	10月	11月	12月

平地から山地の広葉樹林に生息する。樹液の出ているクヌギの木などで見られ、しばしば次種のヨツボシオオキスイと混生する。体色は黒褐色で緑銅色の光沢をおびる。上翅には縦に点刻列があり、2対の黄色の紋がある。上翅の点刻列のくびれは強くくびれる。

ヨツボシオオキスイ　オオキスイムシ科

大きさ　体長 11 ～ 15 mm
分布　北海道、本州、四国、九州

1月	2月	3月	4月	5月	**6月**	**7月**	**8月**	**9月**	10月	11月	12月

平地から低山地の広葉樹林に生息、都市近郊の雑木林でも見られる。体は黒褐色で緑銅色の光沢をおびる。上翅には明瞭な点刻列があるがくびれ方は弱い。また2対の黄色の紋がある。オスの上翅端は丸みのあるU字型、メスは翅端の会合部が開いて尖りW字型になる。

ヨツボシケシキスイ　ケシキスイ科

大きさ　体長 8 ～ 14 mm
分布　北海道、本州、四国、九州

1月	2月	3月	4月	5月	**6月**	**7月**	**8月**	**9月**	10月	11月	12月

平地から低山地の広葉樹林に生息する、キスイムシの仲間。クヌギ、コナラなどの樹液に集まり、都市近郊の雑木林でも見られる。体色は黒色で、上翅に4つの赤色の紋がある。体の上面はやや密に点刻され、頭部では荒い。オスの大顎はよく発達し、先端に小さな内歯がある。

キマワリ　ゴミムシダマシ科

大きさ　体長 16 ～ 20 mm
分布　北海道、本州、四国、九州

1月	2月	3月	4月	**5月**	**6月**	**7月**	**8月**	**9月**	10月	11月	12月

体は全身が黒色で光沢があり、体上面は藍色から金銅色の金属光沢をおびる。頭部および前胸の背面は強く密に点刻され、複眼は大きく左右が接近する。上翅は条溝をそなえ、間室は小点刻をよそおう。成虫は広葉樹林の枯れ木や倒木上で見られ、成虫幼虫とも朽木を食べる。

ホソカミキリ　カミキリムシ科

大きさ　体長 20 ～ 30 ㎜
分布　北海道、本州、四国、九州

1月	2月	3月	4月	5月	6月	7月	8月	9月	10月	11月	12月

体は細長く、赤褐色から黒褐色で灰白色の微毛でおおわれる。触角は長く大腮の基部近くに付き、第1節は大きい。各種の倒木に見られるが、マツ類にとくに多く、幼虫は広葉樹、針葉樹を食べる。

ウスバカミキリ　カミキリムシ科

大きさ　体長 30 ～ 50 ㎜
分布　北海道、本州、四国、九州、南西諸島

1月	2月	3月	4月	5月	6月	7月	8月	9月	10月	11月	12月

体は黒色で体表には薄く黄土色の微毛が生える。上翅には数本の縦隆条がある。日中はおとなしく、夜行性で飛翔性が高く、灯火にも来る。幼虫は多くの広葉樹のほかにモミの木なども食べる。

ノコギリカミキリ　カミキリムシ科

大きさ　体長 23 ～ 48 ㎜
分布　北海道、本州、四国、九州

1月	2月	3月	4月	5月	6月	7月	8月	9月	10月	11月	12月

体色は光沢のある黒色。がっしりとした体形をしている。触角は鋸刃状、オスメスとも 12 節。夜行性で灯火にも来るが、昼間も活発に動き回る。幼虫の食性は広く、広葉樹や針葉樹も食べる。

クロカミキリ　カミキリムシ科

大きさ　体長 12 ～ 25 ㎜
分布　北海道、本州、四国、九州

1月	2月	3月	4月	5月	6月	7月	8月	9月	10月	11月	12月

体は光沢のない黒色。体下面は黄褐色の微毛でおおわれる。触角はじゅず状で短い。上翅には3本の縦隆条があるが、メスでは不明瞭。日が暮れてから針葉樹の伐採木に集まり、灯火にも飛来する。

マルガタハナカミキリ　カミキリムシ科

大きさ　体長 10 ～ 17 mm
分布　北海道、本州、四国、九州

1月	2月	3月	4月	5月	6月	**7月**	**8月**	9月	10月	11月	12月

上翅の斑紋は変化に富む。基本形は上翅の基部、中央後方、翅端に黒色紋を持つが、黒化する個体もある。前胸背板の後縁に横長の窪みがある。各種の花によく集まり、幼虫はカラマツやトチノキに付く。

フタスジハナカミキリ　カミキリムシ科

大きさ　体長 14 ～ 20 mm
分布　北海道、本州、四国、九州、屋久島

1月	2月	3月	4月	5月	6月	**7月**	**8月**	9月	10月	11月	12月

上翅の色彩斑紋には変化が多い。原型のオスでは上翅中央と先端 1/3 に幅広い黒色帯があり、メスでは翅端に黄褐色部を残す。低山地から山地に生息し、成虫はシシウドやノリウツギの花に集まる。

ヨツスジハナカミキリ　カミキリムシ科

大きさ　体長 9 ～ 20 mm
分布　北海道、本州、四国、九州、南西諸島

1月	2月	3月	4月	5月	**6月**	**7月**	**8月**	9月	10月	11月	12月

体は黒色で黄金色の微毛でおおわれる。上翅には 4 条の黄褐色帯がある。上翅の色彩斑紋は地域的な変異がある。低山地から山地に生息し、ノリウツギ、リョウブ、タマアジサイなどの花に集まる。

オオヨツスジハナカミキリ　カミキリムシ科

大きさ　体長 23 ～ 31 mm
分布　北海道、本州、四国、九州、屋久島

1月	2月	3月	4月	5月	6月	**7月**	**8月**	9月	10月	11月	12月

原型は上翅が黒色で 4 本の黄褐色の横帯があるが、とくにオスでは黒化の傾向があり全体が黒色の個体もある。低山地から山地に生息し、ノリウツギ、リョウブ、タマアジサイなどの花に集まる。

ルリボシカミキリ　カミキリムシ科

大きさ　体長 16 ～ 30 mm
分布　北海道、本州、四国、九州、屋久島

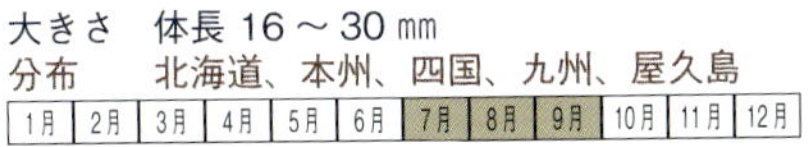

1月	2月	3月	4月	5月	6月	**7月**	**8月**	**9月**	10月	11月	12月

体は黒褐色から黒色で全体に灰青色の鱗状毛でおおわれる。上翅には黒色の鱗状毛による斑紋があり、触角には数個の毛の束がある。鮮やかなブルーの体色が美しいカミキリだが、死ぬとこの色は急速に失われ赤褐色に変化してしまう。オスメスによる体色の差はないが、色合いに変化がある。前翅に見られる 3 対の黒紋は形と大きさに地理的な変異がある。広葉樹の雑木林に生息するが、ブナ科、クルミ科の伐倒木に集まる。

ミヤマカミキリ　カミキリムシ科

大きさ　体長 34 ～ 57 mm
分布　北海道、本州、四国、九州、対馬、屋久島

1月	2月	3月	4月	5月	**6月**	**7月**	**8月**	9月	10月	11月	12月

日本に分布するカミキリでは最大種の一つ。体色は黒褐色から黒色。背面は黄褐色の微毛でおおわれビロード状、体下面は灰色の長い毛でおおわれる。前胸背板はひじょうに粗い横じわ状になる。平地から山地の広葉樹林の雑木林に生息する。成虫はクヌギの樹液やカシ類の生木の樹幹に集まり、夜行性で灯火にも飛来する。卵はブナ科の生木の樹皮の裂け目に産卵され、幼虫はそれらの材を食べて成長する。

アカアシオオアオカミキリ　カミキリムシ科

大きさ：体長 15 ～ 30 ㎜
分　布：本州、四国、九州

1月	2月	3月	4月	5月	6月	7月	8月	9月	10月	11月	12月

スリムな細めの体をしていて、動きは比較的敏活。クヌギの樹幹を素早く走り回り、集団でいることが多い中型で美しいカミキリ。体は赤褐色。頭部、前胸背板、小楯板、上翅は金緑色で金属光沢がある。上翅の点刻は小さく密で、翅端は尖る。昼間は樹上の小枝などにいて、夕刻から飛翔しクヌギの樹液などに集まる。数匹が集団で頭を寄せ合うようにして、樹液に来ているのが見られる。幼虫もクヌギの材を食べて育つ。

アオスジカミキリ　カミキリムシ科

大きさ　体長 15 ～ 35 ㎜
分布　　本州、四国、九州、対馬

1月	2月	3月	4月	5月	6月	7月	8月	9月	10月	11月	12月

体色は全体的に褐色。前胸背板の周囲と正中線、上翅の肩部から翅端に達する縦線は金属光沢のある緑色。前胸は幅広く側縁は円い。ネムノキの枯れ木に集まり、夜間灯火にも飛来する。

ベニカミキリ　カミキリムシ科

大きさ　体長 13 ～ 17 ㎜
分布　　北海道、本州、四国、九州、対馬

1月	2月	3月	4月	5月	6月	7月	8月	9月	10月	11月	12月

体は黒色で前胸背板、上翅は鮮やかな赤色。前胸背部に５個の小黒紋があるが変化が多い。昼行性でよく飛び回り花に集まる。タケ類の害虫で幼虫はモウソウチク、マダケなどの材部を食べる。

ヘリグロベニカミキリ　カミキリムシ科

大きさ　体長 12 ～ 20 ㎜
分布　北海道、本州、四国、九州、対馬、屋久島

1月	2月	3月	4月	**5月**	**6月**	**7月**	8月	9月	10月	11月	12月

体上面は赤色で上翅に1対の黒紋がある。前胸部にも黒紋が数個あるが変化が多い。前胸部の側縁と上翅会合部に黒色の短毛が生える。成虫は花に集まり、幼虫はカエデ類タケ類の材を食べる。

ウスイロトラカミキリ　カミキリムシ科

大きさ　体長 10 ～ 24 ㎜
分布　北海道、本州、四国、九州、対馬

1月	2月	3月	4月	5月	**6月**	**7月**	**8月**	9月	10月	11月	12月

体は黒色。触角は赤褐色。上翅は褐色で白色の微毛からなる細い帯状紋を3本持ち、翅端はやや幅広く突き出す。上翅は黒化する傾向にある。各種の広葉樹の伐採木、倒木に集まり個体数は多い。

キイロトラカミキリ　カミキリムシ科

大きさ　体長 13 ～ 21 ㎜
分布　本州、四国、九州、屋久島

1月	2月	3月	4月	5月	**6月**	**7月**	**8月**	9月	10月	11月	12月

体は黒色。触角、脚は暗褐色から黒褐色。全体に淡黄色の微毛でおおわれる。前胸背板の中央左右に黒紋を持つ。上翅の黒紋は変化が多い。成虫は各種の花やクヌギ、コナラ、クリなどの伐倒木に集まる。

キスジトラカミキリ　カミキリムシ科

大きさ　体長 10 ～ 18 ㎜
分布　北海道、本州、四国、九州、屋久島

1月	2月	3月	4月	**5月**	**6月**	**7月**	**8月**	**9月**	10月	11月	12月

体は黒色。触角、脚は赤褐色、前胸背板はまるい。上翅には黄色の帯状紋を2本持つが、後方のものは太い。成虫は各種の花やクヌギ、コナラなどの広葉樹の伐採木や薪などに集まる。個体数は多い。

トラフカミキリ　カミキリムシ科

大きさ　体長 15 ～ 25 ㎜
分布　北海道、本州、四国、九州、南西諸島

1月	2月	3月	4月	5月	6月	7月	8月	9月	10月	11月	12月

体は黒色。頭部、前胸背板の前半部分、小楯板、上翅、腹部は黄褐色の毛でおおわれる。前胸背板の中央には赤色の横帯がある。クワ類の生木の樹幹や葉上に見られ、幼虫はクワ類の材を食べる。

アトジロサビカミリ　カミキリムシ科

大きさ　体長 8 ～ 11 ㎜
分布　北海道、本州、四国、九州

1月	2月	3月	4月	5月	6月	7月	8月	9月	10月	11月	12月

体は赤褐色から黒褐色、全体的に褐色の微毛でおおわれる。上翅の後方に灰黄色の幅広い横帯がある。上翅の基部半分の点刻は大きい。各種の広葉樹の枯れ木、枯れ枝やフジなどの枯れづるに集まる。

クワカミキリ　カミキリムシ科

大きさ：体長 36 ～ 52 ㎜
分　布：本州、四国、九州

1月	2月	3月	4月	5月	6月	7月	8月	9月	10月	11月	12月

体は黒色。全身に灰黄褐色のビロード状の微毛でおおわれる。前胸背板はしわ状、側縁左右にはトゲ状の突起がある。上翅基部には黒色の顆粒がある。上翅側縁と会合線は灰白色の微毛で縁取られる。触角は第３節以下の各節基半が白色微毛で、他は黒色微毛でおおわれる。成虫はクワ、イチジク、ビワ、ケヤキ、ブナなどの若枝の樹皮を後食する。ケヤキの造成林でケヤキを食害し枯らせてしまうこともある。

シロスジカミキリ　カミキリムシ科

大きさ　体長 45 ～ 60 ㎜
分　布　本州、四国、九州、対馬、奄美大島

1月	2月	3月	4月	5月	6月	7月	8月	9月	10月	11月	12月

体上面は光沢のない灰白色の微毛でおおわれる。上翅には黄色の斑紋や白色の短い筋模様が並び、前胸にも2つの縦長の斑紋がある。体側には複眼のすぐ後から尾部まで太い白帯が走っているが、これは上からは判りにくい。触角の長さは体長の1～1.5倍で、オスの方が長い。頭部は大きな複眼と発達した大顎でいかつい顔をしている。成虫は主として夜行性で日没から夜明け前にかけて後食、生殖、飛翔といった行動をとる。交尾が終わったメスは生木の幹の低いところの樹皮をかじって穴をあけ産卵する。幼虫は樹皮下に食い込み材部を食べすすみ3～4年かけて成長する。充分成長した幼虫は幹の中で蛹になり、羽化した成虫は樹の幹に円形の穴をあけ外に姿を現す。

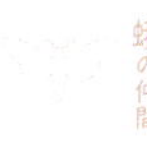

ゴマフカミキリ　カミキリムシ科

大きさ　体長 10 ～ 17 mm
分布　北海道、本州、四国、九州、対馬

1月	2月	3月	4月	**5月**	**6月**	**7月**	**8月**	9月	10月	11月	12月

体は黒色。触角第2節以下は暗赤褐色。複眼は上下に2分される。前胸背板、上翅基部には顆粒状の点刻をよそおうが、上翅基部のものは大きく密。各種広葉樹の伐倒木に集まり、幼虫もその材を食べる。

ナガゴマフカミキリ　カミキリムシ科

大きさ　体長 13 ～ 21 mm
分布　北海道、本州、四国、九州、屋久島

1月	2月	3月	4月	**5月**	**6月**	**7月**	**8月**	**9月**	10月	11月	12月

体は暗赤褐色から黒褐色。触角第2節以下は赤褐色で、第4、6、8、10、11 節の基部半分は白色。上翅の斑紋は不規則で変化があるが、中央に幅広い白色の横帯を持つ。各種広葉樹の枯れ木、倒木に集まる。

タテスジゴマフカミキリ　カミキリムシ科

大きさ　体長 10 ～ 12 mm
分布　北海道、本州、四国、九州

1月	2月	3月	4月	**5月**	**6月**	**7月**	**8月**	9月	10月	11月	12月

体は黒色。触角第2節以下は暗赤褐色。全体に灰白色の微毛でおおわれ、黒褐色の微毛からなる小斑紋が散在する。上翅の斑紋には変化が多い。成虫は広葉樹のブナ科の倒木や枯れ木に集まる。

マツノマダラカミキリ　カミキリムシ科

大きさ　体長 18 ～ 27 mm
分布　本州、四国、九州、屋久島、奄美大島

1月	2月	3月	4月	**5月**	**6月**	**7月**	**8月**	9月	10月	11月	12月

体は暗赤褐色から黒色。上翅は白色、褐色、黒褐色の微毛による不規則なまだら模様になる。夜行性でマツ類に集まり、樹皮や葉を食べる。その時にマツを加害するマツノザイセンチュウを媒介する。

ヒメヒゲナガカミキリ　カミキリムシ科

大きさ：体長 10 ～ 18 ㎜
分　布：北海道、本州、四国、九州、対馬、屋久島

1月	2月	3月	4月	5月	**6月**	**7月**	**8月**	9月	10月	11月	12月

体は黒褐色から黒色で光沢はない。触角、脚は赤褐色から黒褐色。触角の長いカミキリムシで、体長の 1.5 倍ほどの長さがある。全体的に灰黄色の微毛でおおわれる。上翅には灰白色から黄色の微毛からなる小紋を散布し、中央部には不明瞭な白色の横帯を持つ。上翅の顆粒状の点刻は密で翅端にまで達する。成虫は花に飛来することもあるが、各種広葉樹の伐採木、薪、枯れ枝などに集まる。

ゴマダラカミキリ　カミキリムシ科

大きさ：体長 25 ～ 35 ㎜
分　布：北海道、本州、四国、九州、南西諸島

1月	2月	3月	4月	5月	**6月**	**7月**	**8月**	**9月**	10月	11月	12月

大型でよく目立つ姿をしている。体は黒色で光沢がある。前翅は光沢のある黒色に白い斑紋が並ぶ。白斑には変化がある。前翅以外の部分はあまり光沢がなく、腹側や脚は青白い細かな毛でおおわれる。触角は長く、各節に青白い毛がある。成虫は昼夜の区別なく活動する。食樹の葉や小枝を後食し灯火にも飛来する。食樹は広範囲で、都市部の街路樹、公園樹木、庭木などでも見られる。

センノカミキリ　カミキリムシ科

大きさ：体長 20 ～ 36 ㎜
分　布：北海道、本州、四国、九州、南西諸島

1月	2月	3月	4月	5月	**6月**	**7月**	**8月**	9月	10月	11月	12月

体は黒褐色。触角、脚は多少とも赤みをおびる。全体的に灰黄褐色の微毛でおおわれる。上翅は黄褐色の微毛がありビロード状、中央の前後に黒色の横帯がある。この横帯には変化が多く黒紋になる個体もある。オスの触角は長く体長の 2 倍もあるが、メスはやや短い。成虫は昼間も活動し、食樹であるウコギ科のハリギリ、ヤツデ、タラノキ、ウドなどに集まり、枝や葉を後食する。

キボシカミキリ　カミキリムシ科

大きさ　体長 14 ～ 30 mm
分布　本州、四国、九州、南西諸島

1月	2月	3月	4月	**5月**	**6月**	**7月**	**8月**	**9月**	**10月**	11月	12月

体は黒色で灰白色の微毛を密によそおう。前胸背板、上翅には黄白色から黄色の微毛による斑紋があるが、変化が多い。触角は長くオスは体長の2.5倍、メスは2倍ある。イチジクやクワの生木に集まる。

ハンノアオカミキリ　カミキリムシ科

大きさ　体長 12 ～ 17 mm
分布　北海道、本州

1月	2月	3月	4月	5月	**6月**	**7月**	**8月**	9月	10月	11月	12月

体は黒色で全体に金緑色の鱗状毛でおおわれ金属光沢を持つ。前胸背面と上翅には黒紋がならぶが、変化が多い。低山地から山地の雑木林で見られる。成虫はシナノキ、オヒョウなどの葉や葉柄を後食する。

ヤツメカミキリ　カミキリムシ科

大きさ　体長 11 ～ 18 mm
分布　北海道、本州、四国、九州、対馬、屋久島

1月	2月	3月	4月	5月	**6月**	**7月**	**8月**	9月	10月	11月	12月

体は黒色で全体に緑色がかった黄褐色の軟毛で密におおわれる。前胸背板に4個その両側に各1個、上翅には各4個の黒紋がある。上翅の側方に縦隆線があり、4紋とつながる。サクラ、ウメに集まる。

ラミーカミキリ　カミキリムシ科

大きさ　体長 8 ～ 17 mm
分布　本州、四国、九州

1月	2月	3月	4月	**5月**	**6月**	**7月**	8月	9月	10月	11月	12月

体は黒色で全体に白青色の軟毛で蜜におおわれる。頭部、前胸背板、上翅の斑紋は黒色で変化が多い。昼間に活動し食草の葉や茎にいることが多く、よく飛び回る。食草はカラムシ、ヤブマオ、ムクゲなど。

ハンノキカミキリ　カミキリムシ科

大きさ：体長 12 ～ 22 ㎜
分　布：北海道、本州、四国、九州

1月	2月	3月	4月	5月	6月	7月	8月	9月	10月	11月	12月

体は黒色で上面は黒色と朱赤色の微毛で蜜におおわれ斑紋を作る。黒と赤の対比がきれいなカミキリムシ。黒色の上翅に会合部と左右の側縁部が朱赤色の縦縞模様。頭部と前胸背板は朱赤色部が発達し、部分的に黒色部を残す。成虫は初夏に発生する。メス成虫は樹皮に 4 ～ 6cm の縦長の噛み傷を付けそこに産卵する。産卵は細めの幹で 5cm 以下が多い。幼虫で越冬、翌年の初夏に羽化。食樹はハンノキ類、ヤシャブシ類など。

フチグロヤツボシカミキリ　カミキリムシ科

大きさ　体長 11 ～ 13 ㎜
分布　　北海道、本州、四国、九州

1月	2月	3月	4月	5月	6月	7月	8月	9月	10月	11月	12月

体は黒色。全体に金緑色の鱗状毛で密におおわれ、やや金属光沢を持つ。前胸背板の背面と側面に計 4 個の黒紋を持つ。上翅は側縁が黒色で上面に 4 対の黒紋を持つ。成虫はホオノキの葉に集まる。

オオアカマルノミハムシ　ハムシ科

大きさ　体長 約 5 ㎜
分布　　本州、四国、九州

1月	2月	3月	4月	5月	6月	7月	8月	9月	10月	11月	12月

体は明赤褐色。触角と脚は黒色。頭楯は湾入して三角状で前頭の隆起は卵形。成虫はボタンヅル、センニンソウの葉を食べ、メスは葉の裏に数個まとめてゼリー状の卵を産み、幼虫はこの葉を食べる。

オオルリハムシ　ハムシ科

大きさ　体長 約14mm
分布　本州

1月	2月	3月	4月	5月	6月	7月	8月	9月	10月	11月	12月

体は黒色。体上面は金緑色から赤銅色の光沢があり、地理的な変異がある。日本海側の個体は青緑色で関東地方の個体は赤銅色。成虫は初夏に現れ、シソ科のシロネ、ヒメシロネ、エゴマなどを食べる。これらの食草は湿地性の植物なので分布は局所的となる。

キバラルリクビボソハムシ　ハムシ科

大きさ　体長 約6mm
分布　北海道、本州、四国、九州

1月	2月	3月	4月	5月	6月	7月	8月	9月	10月	11月	12月

体は黒色。腹部は黄褐色で前胸部の中央がくびれるのでクビボソ、背面からでは腹部の黄色が見えない。複眼はまるく突き出す。上翅背面には小点刻列がある。ハムシとしては普通の大きさ。成虫、幼虫ともツユクサを食べる。平地の畑地、荒地、人家の周辺で見られる。

セモンジンガサハムシ　ハムシ科

大きさ　体長 約5mm
分布　本州、四国、九州、南西諸島

1月	2月	3月	4月	5月	6月	7月	8月	9月	10月	11月	12月

体は黄褐色で外縁は透明。後方の両側に黒色紋があるがない個体もある。上翅の小楯板の後方にX形の隆起がある。成虫は6月頃に現れ、サクラ類、リンゴ、ナシ、ナンキン、ナナカマドなどの葉を食べる。卵は1卵ごとにパラフィン状の分泌物でおおわれ、糞を付ける。

ツツジコブハムシ　ハムシ科

大きさ　体長 約4mm
分布　本州、九州

1月	2月	3月	4月	5月	6月	7月	8月	9月	10月	11月	12月

体は茶褐色と赤褐色のまだら模様。全体的に点刻があり、ごつごつとした感じの体形。小さくて虫の糞のように見えるが、脚も6本あるし触角も付いている。食草はツツジであるが、オオムラサキと言われる種類に多いようだ。産卵は1卵ずつ脚を使って糞をコーティングする。

ネギオオアラメハムシ　ハムシ科

大きさ　体長 11 ～ 12 ㎜
分布　　北海道、本州

1月	2月	3月	4月	5月	**6月**	**7月**	**8月**	9月	10月	11月	12月

体の頭部、触角、脚、腹面は黒褐色。体背面には粗大点刻を密によそおい、前胸背板はやや丸く前縁角は突き出さない。全体的に丸みのある体形。上翅にある黒色の 4 対の隆起条はより明瞭。成虫はネギ科植物のノビル、アサツキ、ニンニク、ニラなどにやって来る。

ヤナギハムシ　ハムシ科

大きさ　体長 約 8 ㎜
分布　　北海道、本州、四国、九州

1月	2月	3月	**4月**	**5月**	**6月**	**7月**	8月	9月	10月	11月	12月

体は緑藍色で光沢がある。前胸背板の両側、上翅の光沢のある色彩は成熟するにつれて黄色、黄褐色、赤褐色と赤みをまし、朱赤色に変化する。上翅には 10 個の斑紋があるが、変化が多い。成虫はヤナギ類の葉を食べるので、川岸などの水辺で見られる。

ヒゲブトハムシダマシ　ハムシダマシ科

大きさ　体長 8 ～ 10 ㎜
分布　　北海道、本州、四国、九州、南西諸島

1月	2月	3月	4月	**5月**	**6月**	**7月**	**8月**	9月	10月	11月	12月

体は黒褐色で触角と脚は暗赤褐色。頭部は小点刻を密に、前胸背板、上翅背面は全体的に点刻を密布する。触角は丸いじゅず状、前胸背板前縁は直線的で前角はまるい。低地から山地の広葉樹林に生息、夜行性で昼間は樹皮下などでじっとしていることが多い。成虫で越冬する。

オトシブミ　オトシブミ科

大きさ　体長 7 ～ 10 ㎜
分布　　北海道、本州、四国、九州

1月	2月	3月	4月	**5月**	**6月**	**7月**	**8月**	9月	10月	11月	12月

体は黒色で光沢がある。前胸の後縁と上翅は普通褐色から暗褐色であるが、前胸はときに中央に黒紋を残して赤くなり、全体が黒色の個体も出る。頭部はオスでは長くメスでは短い。クヌギ、コナラ、ハンノキなどの葉上に見られ、それらの葉を巻いて揺籃を作る。

ヒゲナガオトシブミ　オトシブミ科

大きさ　体長 8 ~ 12 mm
分布　北海道、本州、四国、九州

1月	2月	3月	4月	**5月**	**6月**	**7月**	8月	9月	10月	11月	12月

体は黄褐色から赤褐色で光沢がある。触角の基部と端部、頭部の複眼間と下面、前胸の側部、腿節の端部などは大部分が暗色を呈する。頭部はオスでは長くメスは短い。触角もオスはかなり長くなる。コブシ、イタドリなどの葉上に見られ、それらの葉を巻いて揺籃を作る。

エゴヒゲナガゾウムシ　ヒゲナガゾウムシ科

大きさ　体長 6 ~ 9 mm
分布　本州、四国、九州

1月	2月	3月	4月	5月	**6月**	**7月**	**8月**	9月	10月	11月	12月

体は茶褐色で顔面が白色。オスメスともに平べったい顔をしている。オスは頭部側面が突出し、その先端に複眼がある。触角は長い。成虫はエゴノキの若い実に集まる。平地から低山地にかけての雑木林や公園、庭木などでも見られ、メスは実に穴をあけて産卵する。

オオゾウムシ　ゾウムシ科

大きさ　体長 12 ~ 29 mm
分布　北海道、本州、四国、九州

1月	2月	3月	4月	5月	**6月**	**7月**	**8月**	**9月**	10月	11月	12月

体表面がデコボコしていて、黒色と灰褐色のまだら模様の日本最大のゾウムシ。体の地色は黒色だが羽化して間もないものは褐色の粉をふき、まだら模様になる。成虫はカブトムシやカナブンと共に雑木林の樹液に来ていることが多い。幼虫はマツなどの針葉樹の枯れ木を食べる。

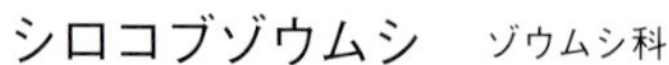

シロコブゾウムシ　ゾウムシ科

大きさ　体長 13 ~ 15 mm
分布　本州、四国、九州

1月	2月	3月	4月	**5月**	**6月**	**7月**	**8月**	9月	10月	11月	12月

体の地色は黒色だが全体的に灰色や黄褐色、灰白色の鱗片でおおわれている。前胸背板、上翅には複雑なくぼみがある。上翅には肩部から中央方向へまとまった黒色の鱗片が集まり、先端近くに瘤状の隆起がある。クズ、ハギ、ニセアカシヤ、フジなどマメ科植物に集まる。

ヒメシロコブゾウムシ　ゾウムシ科

大きさ　体長 12 ～ 14 ㎜
分布　本州、四国、九州、南西諸島

1月	2月	3月	4月	5月	6月	7月	8月	9月	10月	11月	12月

体の地色は黒色だが全体的に白色から灰白色の鱗片でおおわれる。頭部は吻の先端部中央、複眼、複眼後方をのぞき鱗片でおおわれる。頭部中央から前胸背板中央、上翅中央部に黒い筋が走り上翅中央で広がる。成虫はウド、タラ、シシウド、ヤツデなどに集まり葉を食べる。

マダラアシゾウムシ　ゾウムシ科

大きさ　体長 14 ～ 18 ㎜
分布　本州、四国、九州、対馬

1月	2月	3月	4月	5月	6月	7月	8月	9月	10月	11月	12月

体の地色は黒色で白色から茶褐色の微毛におおわれる。吻の基部は顕著にくぼむ。ゴツゴツとした穴だらけの体に瘤状の突起があり、脚の各腿節は顕著にふくれ、輪状の斑紋がある。クヌギ、コナラなどの新芽を食べ樹液にもやって来る。驚くと脚を縮めて落下、擬死する。

オジロアシナガゾウムシ　ゾウムシ科

大きさ　体長 9 ～ 10 ㎜
分布　本州、四国、九州

1月	2月	3月	4月	5月	6月	7月	8月	9月	10月	11月	12月

体の地色は黒色。頭部はわずかに白色の微毛でおおわれ、複眼間には顕著なくぼみがある。複眼は比較的大きい。前胸背板は中央部につやのある小隆起があり、側部は白色の微毛となる。上翅の点刻は大きく、尾部は白い微毛でうまる。クズの茎にしがみ付いているのを見かける。

ツツゾウムシ　ゾウムシ科

大きさ　体長 6 ～ 12 ㎜
分布　北海道、本州、四国、九州、対馬

1月	2月	3月	4月	5月	6月	7月	8月	9月	10月	11月	12月

体は暗褐色。体表面にまばらに小さな黄褐色の微毛があるため、これらが複雑な斑紋のように見える。体表面の点刻は微小で密。腿節にはトゲがある。上翅の間室は広く、しわ状の点刻がある。成虫はブナ科のカシ、クヌギ、コナラ、ブナなどの伐採木、枯れ木に集まる。

トゲヒシバッタ　バッタ科

大きさ　体長 16 ～ 21 mm
分布　北海道、本州、四国、九州、対馬

1月	2月	3月	4月	5月	6月	7月	8月	9月	10月	11月	12月

体は灰褐色から褐色。背面は扁平で翅端に向かってクサビ状をしている。前胸背の左右両側に突き出るトゲを持っている。湿地や休耕田、水田のあぜに生息し、よく飛びよく泳ぐ。成虫で越冬する。

マダラバッタ　バッタ科

大きさ　体長 24 ～ 36 mm
分布　本州、四国、九州、南西諸島

1月	2月	3月	4月	5月	6月	7月	8月	9月	10月	11月	12月

体は黄褐色あるいは緑色。前翅は細く、根元近くに淡緑色のはっきりした1縦帯がある。緑色型と褐色型がある。成虫はやや乾燥した荒地、河原、草原、海岸の草地などに生息する。イネ科の葉を食べる。

ヒガシキリギリス　キリギリス科

大きさ：体長 25 ～ 37 mm
分　布：本州

1月	2月	3月	4月	5月	6月	7月	8月	9月	10月	11月	12月

夏の鳴く虫には欠かせないものの一つ。緑色型と褐色型がある。翅の長さは個体群によって長短の変異がある。一般的に翅は短く、翅の側面に黒斑が多い。触角は細く長い。前脚には長いトゲが生えている。オスは前翅に発音器を持ち、メスは刀の様な発達した産卵管を持つ。年１化、成虫は夏に現れ草むらなどに生息し、雑食性で草の葉を食べたり小昆虫を捕えて食べる。ギーッチョン、ギーッチョンと続けて鳴く。

ヒメギス　キリギリス科

大きさ　体長 17 ～ 27 mm
分布　　北海道、本州、四国、九州、対馬

1月	2月	3月	4月	5月	6月	7月	8月	9月	10月	11月	12月

体は全体に黒褐色。前胸背は淡褐色または緑色で側面の後縁は白線で縁取られる。短翅型、長翅型があり長翅型は飛ぶことができる。草原性でやや湿ったところを好み、草の丈も低めの場所が多い。

クツワムシ　キリギリス科

大きさ　体長 50 ～ 53 mm
分布　　本州、四国、九州、対馬

1月	2月	3月	4月	5月	6月	7月	8月	9月	10月	11月	12月

大型でずんぐりした体をしている。草食性で特にクズの葉を好んで食べる。メスはオスよりも翅が細長く産卵管は剣状。体色は変異があり、緑色型と褐色型がある。オスはうるさくガチャガチャと鳴く。

スズムシ　コオロギ科

大きさ：体長 17 ～ 25 mm
分　布：本州、四国、九州

1月	2月	3月	4月	5月	6月	7月	8月	9月	10月	11月	12月

その名のとおり「鈴の音」のようなきれいな音で鳴く。鳴くのはオスで前翅にある複雑な形状をした翅脈が発音器となりヤスリ状の翅脈を摺り合せることで音を出している。自然状態では草原などのやや湿った地面を好んで生息しているが、さほど多くはない。基本的に夜行性で昼間はじっと物陰に隠れ夕暮れから鳴きだすが、曇りの日などは昼夜を問わずに鳴く。食性は雑食性なのでメスは動物質のものが欠かせない。

アオマツムシ　コオロギ科

大きさ　体長 23 ～ 28 ㎜
分布　本州、四国、九州

1月	2月	3月	4月	5月	6月	7月	**8月**	**9月**	**10月**	**11月**	12月

体色は鮮やかな緑色。体形は紡錘形。メスは全体が緑色でオスは背の中心部が褐色、翅脈が複雑な発音器になっている。サクラなど多くの広葉樹に生息し、街路樹や公園の樹木、人家の庭木などに見られる。リーリーリーと大きな甲高い声で鳴き、秋になると昼間から鳴いている。

コロギス　コオロギ科

大きさ　体長 28 ～ 45 ㎜
分布　本州、四国、九州、対馬

1月	2月	3月	4月	5月	6月	**7月**	**8月**	**9月**	10月	11月	12月

体は全体に草緑色、前翅の中央部は褐色。平地から山地の広葉樹林に生息し、樹上性。昼間は葉をつづって巣を作りその中に潜み、夜に活動する。おもに動物質を食べるが、小昆虫類のほか樹液やアブラムシの排泄物など、甘味のあるものもとる。中齢幼虫で越冬する。

ケラ　ケラ科

大きさ　体長 30 ～ 35 ㎜
分布　北海道、本州、四国、九州、南西諸島

1月	2月	3月	4月	**5月**	**6月**	**7月**	**8月**	**9月**	**10月**	11月	12月

全身が褐色、金色の短い毛がビロードのように密生する。頭部と前胸部は卵形で腹部は前胸部より幅が狭い。前脚は太く頑丈に発達し、この前脚で土を掻き分け土中を進む。草原、田、畑などの土中に巣穴をほって地中生活する。食性は雑食性で土中のものを何でも食べる。

マダラカマドウマ　カマドウマ科

大きさ　体長 20 ～ 27 ㎜
分布　北海道、本州、四国、九州

1月	2月	3月	4月	5月	6月	**7月**	**8月**	**9月**	**10月**	11月	12月

体は黄褐色の地色に黒褐色の斑紋があり、まだら模様となる。脚は長く後脚は特に長くまだら模様。翅はない。平地から山地の樹林内の樹の洞や、人家の床下など、暗くてじめじめした湿度の高いところを好む。夜行性で夜に出歩き、何でも食べる雑食性、樹液にも来る。

アカスジキンカメムシ　キンカメムシ科

大きさ　体長 17 ～ 20 ㎜
分布　本州、四国、九州

1月	2月	3月	4月	5月	**6月**	**7月**	**8月**	9月	10月	11月	12月

金緑色に淡紅色の模様の入った、大型の美しいカメムシ。平地から山地の広葉樹林に生息し、普段は葉上でじっとしていることが多い。キブシ、ハンノキ、シキミなど多くの広葉樹の葉や実を吸汁する。

アカスジオオカスミカメ　カスミカメムシ科

大きさ　体長 13 ～ 15 ㎜
分布　本州、四国、九州

1月	2月	3月	4月	5月	**6月**	**7月**	8月	9月	10月	11月	12月

このグループでは最大級。前胸背前縁や前翅革質部側縁などが赤色の個体や、全身が黒化した個体、斑紋の色が黄色や黄土色をした個体など、変異が激しい。寄主植物はオニグルミ、ヤナギ類など。

アカスジカメムシ　カメムシ科

大きさ　体長 9 ～ 12 ㎜
分布　北海道、本州、四国、九州、南西諸島

1月	2月	3月	4月	5月	**6月**	**7月**	**8月**	9月	10月	11月	12月

体は黒色で5本の赤い縦縞が鮮やかなカメムシ。この色や縞模様には濃淡など変化が多い。体下面に多数の黒紋がある。低山地から山地に生息し、ヤブジラミやシシウドなどの花や種子上に見られる。

ツノアオカメムシ　カメムシ科

大きさ　体長 17 ～ 22 ㎜
分布　北海道、本州、四国、九州

1月	2月	3月	4月	5月	6月	**7月**	**8月**	**9月**	10月	11月	12月

体は緑色をした金属光沢のある大型で美しい種。前胸背側角はやや前方に突出し、先端部の後方が斜めに切断状態。低山地から山地のハルニレ、シラカンバ、ミズナラ、ミズキなどの樹上で生活する。

クサギカメムシ　カメムシ科

大きさ　体長 14 〜 18 mm
分布　北海道、本州、四国、九州、南西諸島

1月	2月	3月	4月	5月	6月	7月	8月	9月	10月	11月	12月

体は暗褐色に黄褐色の不規則な斑紋がある。触角は第 4 節の両端と第 5 節の基部が黄褐色。多食性で低木上にすみ、果樹を加害することもある。山間部では成虫が越冬のため集団で家屋に浸入し嫌われる。

トホシカメムシ　カメムシ科

大きさ　体長 17 〜 23 mm
分布　北海道、本州、四国、九州

1月	2月	3月	4月	5月	6月	7月	8月	9月	10月	11月	12月

大型のカメムシで、体は暗黄色で 10 個の小黒点がある。前胸背の前側縁は小さい鋸歯状、側角は前方に曲がり先端が鋭角となる。低山地から山地のサクラ、シナノキ、ニレなど広葉樹の樹上に生息する。

ハサミツノカメムシ　ツノカメムシ科

大きさ　体長 17 〜 19 mm
分布　北海道、本州、四国、九州

1月	2月	3月	4月	5月	6月	7月	8月	9月	10月	11月	12月

体色は鮮明な緑色で、前胸背の側角と尾部の鋏は鮮やかな赤色。尾部に鋏があるのはオスでメスにはない。小楯板と前翅先端部はやや明るい緑色。ツタウルシ、ヤマウルシ、イヌザンショウに生息する。

フトハサミツノカメムシ　ツノカメムシ科

大きさ　体長 17 〜 18 mm
分布　本州、四国、九州

1月	2月	3月	4月	5月	6月	7月	8月	9月	10月	11月	12月

体色は鮮やかな緑色で、前胸背の側縁の先端が多少黒ずむ。前胸背板はややしわ状の点刻があり、小楯板の点刻はやや粗くなる。オスの生殖節のハサミ状突起は太く、後方に開く。サクラ類に寄生する。

エサキモンキツノカメムシ　ツノカメムシ科

大きさ　体長 10 〜 14 mm
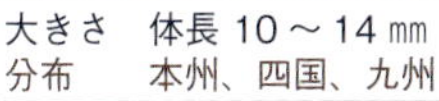
分布　本州、四国、九州

1月 2月 3月 4月 5月 6月 7月 8月 9月 10月 11月 12月

体の背面は緑色をおびた褐色で腹面は黄褐色。前胸背側角は黒く側方に突き出る。小楯板の黄色い大きい紋は前縁の中央部に切れ込みが入ってハート形となる。平地から山地のミズキの葉上で見られる。

マルカメムシ　マルカメムシ科

大きさ　体長 5 〜 6 mm
分布　本州、四国、九州、対馬

1月 2月 3月 4月 5月 6月 7月 8月 9月 10月 11月 12月

体形は四角い角が取れてまるい。背面は黄褐色で黒い点刻を密布し光沢がある。頭部は小さく、小楯板は大きく広がって腹部背面を大きくおおう。クズやフジなどのマメ科植物に寄生、成虫越冬する。

オオヘリカメムシ　ヘリカメムシ科

大きさ　体長 19 〜 25 mm
分布　北海道、本州、四国、九州

1月 2月 3月 4月 5月 6月 7月 8月 9月 10月 11月 12月

暗褐色で体表に淡褐色の軟毛を密生し腹部背面は暗紅色。前胸背側角は前方へ突き出す。腿節先端部の内側にトゲ状の突起があり、オスの後腿節はメスより太い。低山地から山地のアザミなどに見られる。

ホオズキカメムシ　ヘリカメムシ科

大きさ　体長 10 〜 14 mm
分布　本州、四国、九州、南西諸島

1月 2月 3月 4月 5月 6月 7月 8月 9月 10月 11月 12月

体は黒褐色。体表に短い剛毛を密生する。頭部は小さく、触角は長い。前胸背面は前に向かって傾き、前の縁は細かな鋸歯状の突起がある。後腿節は太い。ナス、トマト、サツマイモなどを食害する。

オオホシカメムシ　オオホシカメムシ科

大きさ　体長 15 ～ 19 ㎜
分布　本州、四国、九州、南西諸島

1月	2月	3月	4月	**5月**	**6月**	**7月**	**8月**	**9月**	**10月**	11月	12月

橙褐色の地色に黒色の大きな１対の紋があり、微毛を密布する。前胸背後葉、小楯板および半翅鞘は黒色の点刻でおおわれる。前腿節は太く、下面にはトゲ状の突起がある。アカメガシワの花穂に集まる。

ホソヘリカメムシ　ホソヘリカメムシ科

大きさ　体長 14 ～ 17 ㎜
分布　北海道、本州、四国、九州、南西諸島

1月	2月	3月	4月	**5月**	**6月**	**7月**	**8月**	**9月**	**10月**	11月	12月

暗褐色で光沢があり背面は褐色の微毛でおおわれる。半翅鞘は顕著な点刻がある。前胸背側角は鋭く後方へ突き出る。後腿節はこん棒状で太く鋭いトゲ列がある。ダイズ、インゲンなどを食害する。

ノコギリカメムシ　ノコギリカメムシ科

大きさ　体長 13 ～ 16 ㎜
分布　本州、四国、九州

1月	2月	3月	4月	5月	**6月**	**7月**	**8月**	9月	10月	11月	12月

体はやや赤みをおびた黒褐色。前胸背の前縁と側縁に角状の尖った突起があり、腹部側縁は鋸歯状になっている。カラスウリなどの植物を好んで吸汁し、カボチャ、キュウリなどを食害することもある。

オオトビサシガメ　サシガメ科

大きさ　体長 20 ～ 25 ㎜
分布　本州、四国、九州

1月	2月	3月	4月	**5月**	**6月**	**7月**	**8月**	**9月**	**10月**	**11月**	12月

全体的に茶褐色をした大型のサシガメ。オスの腹部は前胸背より狭いが、メスでは広く横に張り出し前胸背より広い。山地の樹上で生活し小さな昆虫類を捕食する。成虫は樹皮下や洞に群がり越冬する。

アカヘリサシガメ　サシガメ科

大きさ　体長 12 ～ 14 ㎜
分布　本州、四国、九州

1月	2月	3月	4月	**5月**	**6月**	**7月**	**8月**	9月	10月	11月	12月

体は光沢のある黒色で、前胸背後葉の側縁と後縁および腹部の縁は朱赤色。複眼間に後方に曲がった半円形の溝がある。山地の樹上や林縁部の草などで鱗翅目、ハバチなどの幼虫を捕えて体液を吸う。

タイコウチ　タイコウチ科

大きさ　体長 30 ～ 38 ㎜
分布　本州、四国、九州、沖縄

1月	2月	3月	4月	**5月**	**6月**	**7月**	**8月**	**9月**	**10月**	11月	12月

体は褐色。尻に長い呼吸管を持ち、これを水面に出して呼吸し獲物を待ち伏せする。肉食性で、鋭い前脚で小昆虫、小動物を捕え、口針から消化液を送り、溶けた肉質を吸収する体外消化を行う。

ミズカマキリ　タイコウチ科

大きさ　体長 40 ～ 45 ㎜
分布　北海道、本州、四国、九州

1月	2月	3月	4月	**5月**	**6月**	**7月**	**8月**	**9月**	**10月**	11月	12月

体は灰褐色から黄褐色で棒状の細長い体形をしている。呼吸管は長く体長ほどある。飛行能力は高く、水から出て体を乾かし飛翔する。水中での遊泳能力は低い。肉食性で小昆虫、小動物を捕える。

コオイムシ　コオイムシ科

大きさ　体長 17 ～ 20 ㎜
分布　本州、四国、九州

1月	2月	3月	4月	**5月**	**6月**	**7月**	**8月**	**9月**	**10月**	11月	12月

体は黄褐色から暗褐色。体型は卵形で扁平。短い呼吸管を持っていて、水中では腹部と翅の間に貯めた空気で呼吸する。メスはオスの背部に卵を産み付け、オスは卵を背負ったまま生活をする。

タガメ　コオイムシ科

大きさ　体長 50 ～ 65 ㎜
分　布　本州、四国、九州、沖縄

1月	2月	3月	4月	5月	6月	7月	8月	9月	10月	11月	12月

体は灰褐色から暗褐色。日本最大の水生昆虫。前脚は強大な鎌状の捕獲脚で獲物を捕らえるための鋭い爪を具えている。肉食性で水中の杭や植物の茎に静止し、前脚を広げて獲物が近づくのを待ち、小魚やカエルなどの小動物を捕食する。鎌状の前脚で獲物を捕獲すると同時に、針状の口吻を突き刺して消化液を注入し、消化液で溶かした肉を吸収する。体外消化による肉食で、血を吸う訳ではない。水田や池沼、水草が豊富な止水域に生息し、かつてはゲンゴロウと並んで田んぼを代表する昆虫であったが、田んぼの整地などで生息環境が悪化し、豊かな里山的環境のところで、ひっそりと暮らしている。写真、下の左から産卵、孵化、一齢幼虫、終齢幼虫。

マツモムシ　マツモムシ科

大きさ　体長 12 ~ 14 ㎜
分布　北海道、本州、四国、九州

1月	2月	3月	**4月**	**5月**	**6月**	**7月**	**8月**	**9月**	**10月**	11月	12月

体は灰黄色でビロード状、黒斑があり光沢がある。前翅後翅ともよく発達している。水面に仰向けに浮かび、長い後脚をオールのように使って泳ぐ。池や沼地に生息し小昆虫などを捕えて体液を吸う。

アカエゾゼミ　セミ科

大きさ　体長（翅端まで）58 ~ 68 ㎜
分布　北海道、本州、四国、九州

1月	2月	3月	4月	5月	6月	**7月**	**8月**	**9月**	10月	11月	12月

体の地色は黒色で、前胸背は橙赤褐色となる。翅の基半分は橙色がかる。色彩の個体変異がある。広葉樹のミズナラやブナ林に生息、エゾゼミと混生するが、より標高の高いところに分布し局所的になる。

エゾゼミ　セミ科

大きさ　体長（翅端まで）59 ~ 68 ㎜
分布　北海道、本州、四国、九州

1月	2月	3月	4月	5月	6月	**7月**	**8月**	**9月**	10月	11月	12月

体の地色は黒色で、前胸背の周辺と中胸に赤褐色の斑紋がある。腹部外縁に白色の短い帯がある。色彩の個体変異も多い。北海道、東北では平地から低山地にかけて、その他の地域では山地に生息する。

コエゾゼミ　セミ科

大きさ　体長（翅端まで）47 ~ 56 ㎜
分布　北海道、本州、四国

1月	2月	3月	4月	5月	6月	**7月**	**8月**	**9月**	10月	11月	12月

小型のエゾゼミ類で、体の地色は黒色。頭部、前胸背は赤褐色の斑紋がある。色彩には個体変異がある。オスの腹弁は細長く、第4腹板を越える。標高の高いミズナラやブナの林に生息する。

アブラゼミ　セミ科

大きさ　体長（翅端まで）53～62㎜
分　布　北海道、本州、四国、九州

1月	2月	3月	4月	5月	6月	7月	8月	9月	10月	11月	12月

体は黒褐色から紺色。頭部は胸部より幅が狭く上から見ると頭部は丸っこい。前胸の背中には大きな褐色の斑点が2つ並ぶ。セミの多くは透明の翅を持つが、アブラゼミの翅は前翅、後翅とも不透明の褐色をしていて世界でも珍しいセミである。この翅は羽化するときは不透明の白色をしている。ぬけ殻は全体につやがあり、土中から出てくるときに泥が付かない。アブラゼミは全国に広く分布し平地の都市部でも小さな公園があって、樹が生えていれば鳴き声を聞くことができるほど普遍的なセミだ。成虫はサクラ、ナシ、リンゴなどの樹木に多く、成虫も幼虫もこれらの樹に口吻を差し込んで樹液を吸う。オスがよく鳴くのは午後から夕方で「夜鳴き」もする。

クマゼミ　セミ科

大きさ　体長（翅端まで）60 ～ 66 mm
分布　　本州、四国、九州、南西諸島

1月	2月	3月	4月	5月	6月	7月	8月	9月	10月	11月	12月

体は黒色で光沢がある。腹部の中ほどに白い横斑が2つある。羽化から数日の個体は背中側に金色の毛がある。平地のセンダン、アオギリなどに多く、午前中にシャアシャアシャアとよく鳴く。

ニイニイゼミ　セミ科

大きさ　体長（翅端まで）32 ～ 40 mm
分布　　北海道、本州、四国、九州、南西諸島

1月	2月	3月	4月	5月	6月	7月	8月	9月	10月	11月	12月

全身に白っぽい粉を吹く。頭部と前胸部の地色は灰褐色、後胸部と腹部は黒い。複眼と前翅の間に平たい突起がある。平地の明るい雑木林、ケヤキ、サクラなどに生息、都市部の緑地でも見られる。

ヒグラシ　セミ科

大きさ　体長（翅端まで）39 ～ 50 mm
分布　　北海道、本州、四国、九州

1月	2月	3月	4月	5月	6月	7月	8月	9月	10月	11月	12月

体は細長く茶褐色の地に緑色と黒色の斑紋がある。カナカナカナ…と連続した金属音で鳴く。平地から山地に生息、薄暗い森や林を好み夕方や明け方に鳴くが、曇って薄暗くなったときも鳴く。

ミンミンゼミ　セミ科

大きさ　体長（翅端まで）57 ～ 63 mm
分布　　北海道、本州、四国、九州、対馬

1月	2月	3月	4月	5月	6月	7月	8月	9月	10月	11月	12月

体は太く短い卵型の体型をしている。胸背は黒地に緑色紋があるが、変異が多く体全体が淡緑色のものをミカドミンミンと呼んでいる。ミーンミンミンミーという鳴き声がよく知られている。

ベッコウハゴロモ　ハゴロモ科

大きさ　体長９～12㎜
分布　本州、四国、九州、沖縄

1月	2月	3月	4月	5月	6月	**7月**	**8月**	**9月**	10月	11月	12月

体の地色は暗褐色から暗黄褐色で腹面、脚は黄褐色。前翅には２本の灰白色の線が入り、後方に１対の黒斑がある。色彩斑紋にはかなりの変異がある。ウツギ、クワ、クズ、ウドなどで見られる。

スケバハゴロモ　ハゴロモ科

大きさ　体長９～10㎜
分布　本州、四国、九州

1月	2月	3月	4月	5月	6月	**7月**	**8月**	**9月**	10月	11月	12月

頭部、胸部は暗褐色。小楯板は黒褐色で背に隆起線がある。翅は透明で翅脈は暗褐色、縁沿いは幅広く暗褐色で縁どられる。とまるときは翅を水平に広げる。クワ、ウツギなどの小枝の樹液を吸う。

アオバハゴロモ　アオバハゴロモ科

大きさ　体長９～11㎜
分布　本州、四国、九州、南西諸島

1月	2月	3月	4月	5月	6月	**7月**	**8月**	**9月**	10月	11月	12月

体色と翅はともに鮮やかな淡緑色で、粉をふいたようなつや消しが美しい。体色の濃淡には多少の個体変異がある。体は左右が扁平で、とまるときは翅を立ててとまる。クワや柑橘類などの樹液を吸う。

マルウンカ　マルウンカ科

大きさ　体長５～６㎜
分布　本州、四国、九州、対馬、屋久島

1月	2月	3月	4月	5月	**6月**	**7月**	8月	9月	10月	11月	12月

体型はまるく半球形。体色は淡褐色から暗褐色で上翅に黄白色の斑紋がある。テントウムシに間違えられることが多いが、よく見れば顔が全然違う。つかもうとするとピョンと跳んで逃げる。

ヒモワタカイガラムシ　カタカイガラムシ科

大きさ　体長 1.5 ～ 7 mm
分布　本州、四国、九州

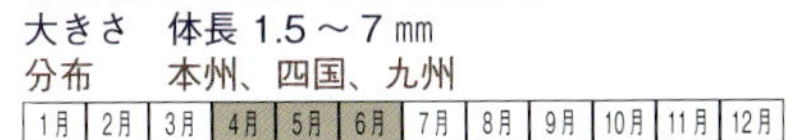

メスの体長は5～7mm、前体部と後体部からなり、前体部が虫の本体で触角も脚もある。成熟すると白色のきわめて長いリング状の卵のうを形成する。オスの体長は約1.5mm。広葉樹に寄生する。

キボシアシナガバチ　スズメバチ科

大きさ　体長 14 ～ 18 mm
分布　北海道、本州、四国、九州、屋久島

1月 2月 3月 4月 5月 6月 7月 8月 9月 10月 11月 12月

巣は木の枝や葉の裏側など、比較的低いところに作られる。巣は片側だけに向かって増築されて行き、あまり大きくはならないが背が反り返る。成虫は青虫などを団子状にして巣の幼虫に与える。

コアシナガバチ　スズメバチ科

大きさ　体長 11 ～ 17 mm
分布　北海道、本州、四国、九州

1月 2月 3月 4月 5月 6月 7月 8月 9月 10月 11月 12月

平地から低山地の林に生息し、低木の小枝や葉裏に巣を作る。巣を取り付けている支えの柱が片側によって、巣全体が上方に反り返る。成虫は青虫などを捕えて肉団子を作り巣に持ち帰り幼虫に与える。

フタモンアシナガバチ　スズメバチ科

大きさ　体長 14 ～ 18 mm
分布　北海道、本州、四国、九州

1月 2月 3月 4月 5月 6月 7月 8月 9月 10月 11月 12月

平地から低山地にかけて生息、市街地でも見られる。営巣は開けた明るい場所で、家屋の軒下、生垣、庭木などにも作る。巣は長円形で横向きか下向きに作られる。巣の育房数は100以上あり大きい。

ムモンホソアシナガバチ　スズメバチ科

大きさ　体長 14 ～ 20 mm
分布　本州、四国、九州

1月	2月	3月	4月	5月	6月	7月	8月	9月	10月	11月	12月

体は淡黄色で薄茶色の縞々模様、腹部は細くくびれる。低山地や里山に生息する。巣は木の小枝や葉の裏側など、比較的低いところに作られることが多い。体形が細く弱々しく見えるが攻撃的だ。

キアシナガバチ　スズメバチ科

大きさ　体長 20 ～ 26 mm
分布　北海道、本州、四国、九州、沖縄

1月	2月	3月	4月	5月	6月	7月	8月	9月	10月	11月	12月

大型のアシナガバチ。体は黒色、鮮黄色の斑紋が発達している。背中にある黄色の斑紋は鮮やかで、触角の先も黄色くなる。おもに低山地に生息し、木の枝先などに営巣する。攻撃性も毒性も強い。

オオスズメバチ　スズメバチ科

大きさ　体長 27 ～ 44 mm
分布　北海道、本州、四国、九州

1月	2月	3月	4月	5月	6月	7月	8月	9月	10月	11月	12月

日本のハチ類では最大種。毒性も強く獰猛で攻撃的。頭部は大きく後頭部が発達し、頬は後方へ張り出す。頭部は黄色、胸部は黒色、腹部は黄色と黒色の縞模様。営巣は樹洞や地中などの空間。

コガタスズメバチ　スズメバチ科

大きさ　体長 22 ～ 29 mm
分布　北海道、本州、四国、九州、南西諸島

1月	2月	3月	4月	5月	6月	7月	8月	9月	10月	11月	12月

平地から低山地にかけて生息する。住宅の軒下や樹木の枝など解放された空間を好んで営巣する。攻撃性はオオスズメバチほどではないが、体形、体色ともよく似る。市街地にも多いので注意が必要。

キイロスズメバチ　スズメバチ科

大きさ　体長 17 ～ 28 mm
分布　本州、四国、九州

1月	2月	3月	4月	5月	6月	7月	8月	9月	10月	11月	12月

スズメバチの中では小型種だが、動くものに敏感で攻撃性が高い。巣は丸く大きく、育房数は数千以上になる。平地から低山地にかけて生息する。営巣場所は木の枝、崖、土中、樹洞、人家の軒下、天井裏など様々な場所に巣を作る。都市部でも活動するので注意が必要。

ヒメスズメバチ　スズメバチ科

大きさ　体長 24 ～ 37 mm
分布　本州、四国、九州、沖縄

1月	2月	3月	4月	5月	6月	7月	8月	9月	10月	11月	12月

オオスズメバチに次ぐ大きさの種類で、体形はややスマート。腹部は黄色と黒の縞模様。腹部先端部が黒色なので他種との区別は容易。性格はスズメバチの中でもっともおとなしく攻撃的ではない。営巣場所は樹上が多いが、ちょっとした閉鎖空間のある場所で人家周辺にも多い。

クロスズメバチ　スズメバチ科

大きさ　体長 10 ～ 18 mm
分布　本州

1月	2月	3月	4月	5月	6月	7月	8月	9月	10月	11月	12月

平地から低山地にかけて生息する。体は光沢のある黒色で白色の横縞模様が特徴的。土中に営巣し、巣はほぼ球形、育房は1万以上にもなる。食用昆虫としても有名で長野、岐阜、群馬の各県では秋に巣を掘りだして、幼虫や蛹を加工し、缶詰などにして市販されている。

キムネクマバチ　ミツバチ科

大きさ　体長 20 ～ 24 mm
分布　北海道、本州、四国、九州

1月	2月	3月	4月	5月	6月	7月	8月	9月	10月	11月	12月

ずんぐりした体型。体は黒色で胸部には黄色い毛が密生し、よく目立つ。体の割には小さな翅で、翅はかすかに黒く羽音を立てて飛ぶ。平地から低山地にかけて生息し、いろいろな花を訪れる。性格はきわめて温厚、ひたすら花を求めて街の中でも花に来るのが見られる。

ムネアカオオアリ　アリ科

大きさ　体長 7 ～ 17 ㎜
分布　　北海道、本州、四国、九州

1月	2月	3月	4月	5月	6月	7月	8月	9月	10月	11月	12月

体は胸部が赤く頭部と腹部のほとんどが黒色だが個体差がある。ひときわ大きな体をしたのが女王で、ほぼ働きアリの2倍の大きさになる。巣は朽木や枯れ木に営巣するが、そのコロニーは数百以上になる。アブラムシの甘露を得るが、アブラムシを天敵から保護している。

トゲアリ　アリ科

大きさ　体長 7 ～ 12 ㎜
分布　　本州、四国、九州

1月	2月	3月	4月	5月	6月	7月	8月	9月	10月	11月	12月

働きアリの胸部は明るく鮮やかな赤褐色で、細かな点刻が密にあるので光沢はない。背面には弓なりに湾曲した6本のトゲがある。平地から低山地の雑木林に生息する。樹木の腐朽部に巣を作るが、働きアリが巣を作るまでクロオオアリやムネアカオオアリの巣に寄生する。

クロオオアリ　アリ科

大きさ　体長 7 ～ 12 ㎜
分布　　北海道、本州、四国、九州

1月	2月	3月	4月	5月	6月	7月	8月	9月	10月	11月	12月

平地から山地のおもに乾いた赤土に巣を作るアリで、道端や草原など開けた場所が多く、里山的環境が好まれ、全国に広く分布している。体はアリの中では大きく、雑食で虫の死骸から穀物、花の蜜など幅広く食べる。巣の深さは1～2mにもなり、数多くの部屋が作られる。

ウシアブ　アブ科

大きさ　体長 17 ～ 25 ㎜
分布　　北海道、本州、四国、九州

1月	2月	3月	4月	5月	6月	7月	8月	9月	10月	11月	12月

複眼は大きく緑色で、全体的に灰緑色をしている。腹部背面には淡黄色の三角斑が並ぶ。家畜などの血を吸い、牧場などに多く見られる。人間にもまとわり付いて血を吸おうとする。毒はないが刺されるとけっこう痛い。幼虫は肉食性、土中でミミズなどを食べて育つ。

オオイシアブ　ムシヒキアブ科

大きさ　体長 15 ～ 26 ㎜
分布　本州、四国、九州

1月	2月	3月	4月	**5月**	**6月**	**7月**	**8月**	**9月**	10月	11月	12月

全身毛むくじゃら、黒とオレンジ色の長毛を生やしたアブ。腹部先端には鮮やかなオレンジ色の毛が、頭部には淡黄色の毛が生える。本種を含むムシヒキアブの仲間は人を刺すようなことはなく、他の昆虫を捕えてその体液を吸う。林の周辺など日当たりのよい環境を好む。

クロバネツリアブ　ツリアブ科

大きさ　体長 14 ～ 18 ㎜
分布　本州、四国、九州、南西諸島

1月	2月	3月	4月	5月	6月	**7月**	**8月**	**9月**	10月	11月	12月

体は全体的に黒色。翅は黒褐色でやや紫色の光沢がある。腹部には第 3、7 節に白色鱗毛帯がある。飛んでいるときでも白い帯が目立つ特徴的なアブだ。近づこうとしてもすぐ飛び立ち、なかなか近づけない。河川の砂地や海岸、乾いた草地などに生息している。餌は花粉や蜜など。

モンキアシナガヤセバエ　ナガズヤセバエ科

大きさ　体長 8 ～ 10 ㎜
分布　本州、四国、九州

1月	2月	3月	4月	**5月**	**6月**	**7月**	**8月**	**9月**	10月	11月	12月

体は褐色で細長く、まるで樹液に来ているアメンボのようだ。長めの脚で腿節に黄色の輪環がある。口吻は非常に長く伸び柔軟。翅は透明で腹部が透けて見える。平地から丘陵地の雑木林に生息、クヌギ、コナラ、カシ類の樹液に集まる。樹液の出ているところから離れない。

ラクダムシ　ラクダムシ科

大きさ　体長 7 ～ 12 ㎜
分布　北海道、本州、四国、九州

1月	2月	3月	**4月**	**5月**	**6月**	**7月**	**8月**	9月	10月	11月	12月

体は黒色で透明な翅を持つ。完全変態で肉食性、口器は非常に強力。成虫は頚・前胸部が長く中胸が膨れていることからラクダという名前が付いた。複眼は大きく、腹部には黄白色の斑紋列がある。幼虫は樹皮下に潜み、蛹は歩くことができ、羽化前に蛹室から離れることもある。

ツノトンボ　ツノトンボ科

大きさ：体長 約30㎜
分　布：本州、四国、九州

1月	2月	3月	4月	5月	**6月**	**7月**	**8月**	**9月**	10月	11月	12月

体は細長く、翅は透明で触角がとても長い。メスの腹部は黄色、オスは赤褐色で縁取られる。各節の背面にメスでは黄色、オスでは赤褐色の大きな斑紋がある。オスの尾端には2個の太い付属物がある。トンボと名前が付いているが、ウスバカゲロウに近い。林のそばの草むらなどで見られる。トンボに比べると飛び方はへたくそ。幼虫は草の根ぎわや石の下に潜み、小昆虫を捕えて食べる。

キバネツノトンボ　ツノトンボ科

大きさ：体長 約23㎜
分　布：本州、九州

1月	2月	3月	**4月**	**5月**	**6月**	7月	8月	9月	10月	11月	12月

触角がとても長い。前翅は透明で基部に黄色の斑紋がある。後翅は黄色い筋状の紋と黒色のまだら模様、翅の基部は黒色。頭部、胸部、腹部とも黒色、黒い大きな複眼が印象的。平地から低山地に生息し、山地でも見られることがある。河川敷や草原、荒地など、開けた日当たりのよいあまり背丈の高くない草原などで、日中活発に飛び回る。飛んでいても後翅の黄色がよく目立つ。

オオツノトンボ　ツノトンボ科

大きさ：体長 約30㎜
分　布：本州、四国、九州

1月	2月	3月	4月	5月	6月	**7月**	**8月**	9月	10月	11月	12月

体は細長く、翅は透明で触角がとても長い。腹部が青灰色で黄色と白の斑紋がある。低山地から山地の草むらに生息する。どちらかと言えば山地性の種。とまるときに腹部を背側に立てた、独特の姿勢でとまることがある。また、ツノトンボの仲間は“変わったトンボがいた”として、新聞に取り上げられることがよくある。幼虫は雑木林の草の根ぎわや落ち葉の下などにいて、小昆虫を捕えて食べる。

ヤマトゴキブリ　ゴキブリ科

大きさ　体長 25 ～ 30 mm
分布　本州

1月	2月	3月	**4月**	**5月**	**6月**	**7月**	**8月**	**9月**	10月	11月	12月

雑木林にすむ大型のゴキブリ。樹の洞や樹皮の裏側などにいて、夜行性でおもに夜活動する。雑食性で菌類、樹液、朽木、小動物の死骸など何でも食べる。オスはやや小型で細く翅は尾端を越える。メスの翅は短く腹部の後半がむき出しになる。成虫は初夏に出現、幼虫で越冬する。

オオゴキブリ　オオゴキブリ科

大きさ　体長 40 ～ 43 mm
分布　本州、四国、九州

1月	2月	3月	4月	**5月**	**6月**	**7月**	**8月**	**9月**	**10月**	11月	12月

光沢のある黒色の大きなゴキブリ。暖地の自然度の高い森林や雑木林に生息する。都市部の自然公園などで見られることがある。マツなどの朽木の中で成虫幼虫が群棲し、朽木の木質部を食べる。都市型の家屋に入り込むようなゴキブリではない。写真はマツの朽木の終齢幼虫。

モリチャバネゴキブリ　チャバネゴキブリ科

大きさ　体長 11 ～ 13 mm
分布　本州、四国、九州、種子島

1月	2月	3月	4月	**5月**	**6月**	**7月**	**8月**	**9月**	**10月**	11月	12月

前胸背の1対の黒条は、やや太く後方で接近する。平地から低山地に生息する。モリという名が付くが、森林ばかりではなく草地や人家の庭先でも見られる。落ち葉や枯葉の堆積を棲み処とする。食物はそれらの枯れ死植物質を食べる。夜行性で春から秋にかけて活動する。

ヤマトシリアゲ　シリアゲムシ科

大きさ　前翅長 13 ～ 20 mm
分布　本州、四国、九州

1月	2月	3月	4月	**5月**	**6月**	**7月**	**8月**	**9月**	10月	11月	12月

体は黒色で翅に2本の太い黒色の斑紋があるが変異がある。頭部が長く前に伸び、オスは尾端をクルリと巻き上げている。初夏に現れるものは黒色で比較的大きく、晩夏に現れるものは黄色っぽく小型になる。林縁部の葉上で見られ、死んだ昆虫などの体液を吸っている。

秋の雑木林

麦わら帽子、ふきだす汗、日焼けした顔…いつの間にか朝夕がしのぎよくなり、虫の声も入れ替わってくる。ツクツクボウシが鳴いてクツワムシが鳴きだす、あー夏も終わりかーと感じる。クロアゲハが彼岸花の花に密を吸いに来る。河原の土手を歩くとトノサマバッタが飛び立つ。そろそろ赤トンボが帰って来る頃かなあと思う。稲刈りの終わった田んぼの土手、ヨメナの花にイチモンジセセリやキタテハが吸蜜に来ている。ナツアカネは連結して産卵に夢中。オミナエシの花にハナムグリが花粉を食べに来ている、実りの秋だー。

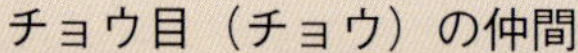

チョウ目（チョウ）の仲間

1 キタキチョウ　p.145
2 ツマグロキチョウ　p.145
3 メスグロヒョウモン　p.145
4 ツマグロヒョウモン　p.146
5 アカタテハ　p.146
6 ヒメアカタテハ　p.146
7 キタテハ　p.147
8 ルリタテハ　p.147
9 シータテハ　p.147
10 ウラギンシジミ　p.147
11 ムラサキシジミ　p.148
12 ウラナミシジミ　p.148
13 イチモンジセセリ　p.148
14 オオチャバネセセリ　p.148

チョウ目（蛾）の仲間

1 オオキノメイガ　p.149
2 カレハガ　p.149
3 ウスズミカレハ　p.149
4 ホシヒメホウジャク　p.149
5 ヤママユ　p.150
6 クスサン　p.150
7 ウスタビガ　p.150
8 アヤトガリバ　p.151
9 カバエダシャク　p.151
10 エグリヅマエダシャク　p.151
11 チャエダシャク　p.151
12 アキナミシャク　p.152
13 ミドリアキナミシャク　p.152
14 ナカオビアキナミシャク　p.152
15 ヤスジシャチホコ　p.152
16 クシヒゲシャチホコ　p.153
17 アケビコノハ　p.153
18 ホソバハガタヨトウ　p.153
19 アオバハガタヨトウ　p.153
20 クビグロクチバ　p.154
21 キイロキリガ　p.154
22 クロクモヤガ　p.154
23 ヤマノモンキリガ　p.154
24 ケンモンミドリキリガ　p.155
25 キクキンウワバ　p.155
26 オオシマカラスヨトウ　p.155
27 ウスキトガリキリガ　p.155

トンボの仲間

1 ナツアカネ　p.157
2 リスアカネ　p.157
3 ノシメトンボ　p.158
4 アキアカネ　p.158

5 コノシメトンボ p.159
6 ヒメアカネ p.159
7 マユタテアカネ p.159
8 マイコアカネ p.160
9 ミヤマアカネ p.160

コウチュウ目の仲間

1 クロハナムグリ p.160
2 コアオハナムグリ p.160
3 ヨモギハムシ p.161
4 コナラシギゾウムシ p.161

バッタ目の仲間

1 オンブバッタ p.161
2 ショウリョウバッタ p.161
3 ショウリョウバッタモドキ p.162
4 ヒナバッタ p.162
5 クルマバッタ p.162
6 クルマバッタモドキ p.162
7 トノサマバッタ p.163
8 セグロイナゴ p.163
9 ツマグロバッタ p.163
10 コバネイナゴ p.163
11 ハネナガイナゴ p.164
12 ヤマトフキバッタ p.164
13 イボバッタ p.164
14 ツチイナゴ p.164
15 ハヤシノウマオイ p.165
16 ツユムシ p.165
17 アシグロツユムシ p.165
18 クサキリ p.165
19 コバネササキリ p.166
20 カンタン p.166
21 クサヒバリ p.166
22 マダラスズ p.166
23 カネタタキ p.167
24 エンマコオロギ p.167
25 ハラオカメコオロギ p.167
26 モリオカメコオロギ p.167
27 ミツカドコオロギ p.168
28 ツヅレサセコオロギ p.168

カメムシ目の仲間

1 クヌギカメムシ　p.168
2 キバラヘリカメムシ　p.168
3 ツクツクボウシ　p.169
4 チッチゼミ　p.169
5 ミミズク　p.169
6 ツマグロオオヨコバイ　p.169

その他の仲間

1 キンケハラナガツチバチ　p.170
2 オオハキリバチ　p.170
3 ホソヒラタアブ　p.170
4 ナミホシヒラタアブ　p.170
5 オオヒメヒラタアブ　p.171
6 ハナアブ　p.171
7 オオハナアブ　p.171
8 シマハナアブ　p.171
9 アシブトハナアブ　p.172
10 キゴシハナアブ　p.172
11 オオカマキリ　p.172
12 コカマキリ　p.173
13 ハラビロカマキリ　p.173
14 トビナナフシ　p.173

コラム

ゲンゴロウの採集

里山的環境の豊かな池や沼地には、タガメやゲンゴロウが棲んでいます。ゲンゴロウは成虫越冬するので、その前に写真撮影をしようと、採集することになりました。(左が筆者)

キタキチョウ　シロチョウ科

大きさ：前翅長 21 ～ 26 ㎜
分　布：本州、四国、九州、沖縄

1月	2月	3月	4月	5月	6月	7月	8月	9月	10月	11月	12月

成虫で越年する。越年個体は３～５月に見られるが、その時期のものはすべて冬を越したもので､6 月頃から第１化が見られ夏型となる。その後発生を繰り返し晩秋におよぶが、晩秋型は晩秋に羽化、成虫で越年し翌春ふたたび現れる。晩秋型の翅表の黒縁は退化し、前翅端にわずかに黒鱗をのこす。裏面の斑紋はよく発達する。

ツマグロキチョウ　シロチョウ科

大きさ　前翅長 18 ～ 22 ㎜
分布　　本州、四国、九州、対馬、屋久島、種子島

1月	2月	3月	4月	5月	6月	7月	8月	9月	10月	11月	12月

成虫で越年する。春先に活動を始め第１化は５月下旬頃から出現する。平地から低山地にかけての草原、渓流沿いの道端、河川敷など食草のカワラケツメイの群落地に生息する。各種の花で吸蜜する。

メスグロヒョウモン　タテハチョウ科

大きさ　前翅長 36 ～ 44 ㎜
分布　　北海道、本州、四国、九州

1月	2月	3月	4月	5月	6月	7月	8月	9月	10月	11月	12月

オスメスの色彩斑紋は全く違い、オスは普通のヒョウモン類だがメスの翅表は暗褐色で白斑がある。年１回の発生。各地に普通だが個体数は多くない。草原には少なく、雑木林の周辺で見られる。

ツマグロヒョウモン　タテハチョウ科

大きさ：前翅長 38 ～ 45 ㎜
分　布：本州、四国、九州、南西諸島

1月	2月	3月	4月	5月	6月	7月	8月	9月	10月	11月	12月

色彩斑紋はオスメスで著しく違い、メスの前翅端は紫黒色、その中を白帯斑がある。オスにはこれがない。裏面の斑紋も独特で本種と紛らわしい種はいない。本州西南部からの暖地では普通で、九州の平地ではもっとも普通に見られるヒョウモン。市街地で見かけるようになったが、栽培種のスミレで生育しているものと思われる。

アカタテハ　タテハチョウ科

大きさ　前翅長 約 32 ㎜
分布　　北海道、本州、四国、九州、南西諸島

1月	2月	3月	4月	5月	6月	7月	8月	9月	10月	11月	12月

成虫は年２回発生、早春から晩秋まで見られるが、個体数は秋に多い。成虫で越冬するため早春のものは翅が欠けているものが多い。花や果実の他樹液にも来る。幼虫の食草はカラムシ、イラクサなど。

ヒメアカタテハ　タテハチョウ科

大きさ　前翅長 約 32 ㎜
分布　　北海道、本州、四国、九州、南西諸島

1月	2月	3月	4月	5月	6月	7月	8月	9月	10月	11月	12月

都市周辺から高原まで広く分布する。移動性が高く夏から秋にかけて、温暖な地域から北に向かって分布を広げる。幼虫成虫で越冬するが、寒さに弱いので温暖な地域でしか冬を越すことはできない。

キタテハ　タテハチョウ科

大きさ　前翅長 23 ～ 30 mm
分布　北海道、本州、四国、九州

1月	2月	3月	4月	5月	6月	7月	8月	9月	10月	11月	12月

暖地性で平地から低山地に多い。翅の表面には季節的な変異があり、夏に発生する夏型はくすんだ黄色で、縁取りや斑点が黒っぽいが、秋に発生する秋型は黄色の部分が鮮やかな橙赤色になり、褐色の縁取りが薄く斑紋も小さい。発生地は河原、荒地などのカナムグラの群落。

ルリタテハ　タテハチョウ科

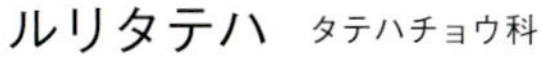

大きさ　前翅長 約 34 mm
分布　北海道、本州、四国、九州、南西諸島

1月	2月	3月	4月	5月	6月	7月	8月	9月	10月	11月	12月

全国に分布するが寒冷地では稀となる。暖地では普通年３回、寒冷地では年１回の発生となる。飛翔は敏速、路上や石の上などにとまるが敏感で近寄りがたい。樹液や腐敗物に好んで集まるが、普通花には来ない。食草はサルトリイバラ、ホトトギスなど。成虫で越年する。

シータテハ　タテハチョウ科

大きさ　前翅長 26 ～ 30 mm
分布　北海道、本州、四国、九州

1月	2月	3月	4月	5月	6月	7月	8月	9月	10月	11月	12月

季節型があり秋型は翅の外縁の凸凹が著しい。暖地では山地性で分布が限られる。渓流沿や樹林の周縁部などでよく見られる。敏捷に飛び回るが地上に静止することも多い。花や樹液に集まり、オスは地上で吸水もする。幼虫の食草はハルニレ、オヒョウ、カラハナソウなど。

ウラギンシジミ　シジミチョウ科

大きさ　前翅長 約 21 mm
分布　本州、四国、九州、沖縄

1月	2月	3月	4月	5月	6月	7月	8月	9月	10月	11月	12月

翅の裏面が真っ白なチョウ。表面はオスが濃茶色地に朱色の斑紋、メスは濃茶色地に薄水色の斑紋を持つ。前翅の先端が尖っているのが特徴的。飛ぶと翅の裏の白色がチラチラとよく目立つ。雑木林の縁などを活発に飛び、人家周辺でも見られる。成虫で越年する。

ムラサキシジミ　シジミチョウ科

大きさ　前翅長 約17mm
分布　本州、四国、九州、南西諸島

1月	2月	3月	**4月**	**5月**	**6月**	**7月**	**8月**	**9月**	**10月**	11月	12月

翅の表面は青紫色に輝くが、裏面の斑紋は濃褐色で不規則な黒褐色の斑紋や帯がある。前翅の先端が尖っているのが特徴的。成虫はおもに何を摂取しているのか、詳しく分かっていない。シイやカシの木の周辺で見られ、枝葉にまとわり付くように飛ぶ。成虫で越年する。

ウラナミシジミ　シジミチョウ科

大きさ　前翅長 約18mm
分布　本州、四国、九州、南西諸島

1月	2月	3月	4月	**5月**	**6月**	**7月**	**8月**	**9月**	**10月**	11月	12月

翅の裏面に茶色と白色の細かな波模様がある。翅の表面は弱い光沢のある薄青色。南方系のチョウで、夏から秋にかけて分布を北に広げるが、暖地を除いては越冬することができない。飛び方は敏速。マメ畑やクズの生い茂った荒れ地など、日当たりのよい草地に生息する。

イチモンジセセリ　セセリチョウ科

大きさ　前翅長 約20mm
分布　北海道、本州、四国、九州、南西諸島

1月	2月	3月	**4月**	**5月**	**6月**	**7月**	**8月**	**9月**	**10月**	11月	12月

全体的に茶色で、後翅に白い斑点が一文字につながった模様を持つ。都市部から山地に至るまで様々な環境で見られ個体数も多い。南方系のチョウで夏から秋にかけて分布を北に広げる。土着しているのは関東以南、成虫は各種の花に飛来し、幼虫の食草はイネ、ススキなど。

オオチャバネセセリ　セセリチョウ科

大きさ　前翅長 約20mm
分布　北海道、本州、四国、九州

1月	2月	3月	4月	5月	**6月**	**7月**	**8月**	**9月**	**10月**	11月	12月

成虫は6月頃から出現し、夏から秋にかけて個体数が増える。北海道から九州の、丘陵地から山地に生息するが平地では生息数が減少している。どちらかと言えば山地性で暖地では山地に分布する。幼虫の食草はタケ科、イネ科植物でアズマネザサ、クマザサ、ススキ、チガヤなど。

オオキノメイガ　ツトガ科

大きさ　開張 37 ～ 42 ㎜
分布　北海道、本州、四国、九州、南西諸島

1月	2月	3月	4月	5月	6月	7月	**8月**	**9月**	**10月**	11月	12月

前翅後翅ともに地色は黄色。前翅の外縁に大きめの暗褐色紋があり、その外側から翅頂にかけて褐色。前翅後翅に褐色の小点刻がまばらにある。寄主植物はヤマナラシ属、ヤナギ属の各種とイイギリ。

カレハガ　カレハガ科

大きさ　開張 48 ～ 72 ㎜
分布　北海道、本州、四国、九州、対馬、屋久島

1月	2月	3月	4月	5月	**6月**	**7月**	**8月**	**9月**	10月	11月	12月

前翅後翅ともに茶褐色、後翅の前縁は橙黄色。木の枝にとまっていると、枯れ葉のように見える。年2化、初夏と初秋に出現する。平地、山地に産するが少ない。寄主植物はウメ、モモ、ヤナギ類など。

ウスズミカレハ　カレハガ科

大きさ　開張 34 ～ 40 ㎜
分布　北海道、本州、四国、九州

1月	2月	3月	4月	5月	6月	7月	8月	9月	**10月**	**11月**	12月

翅は日本調の薄墨色でやや透明感がある。胸部、腹部は暗褐色の長毛でおおわれる。年1化。晩秋から初冬にかけて出現する。寄主植物はミズナラ、ヤマナラシ、ヤマハンノキ、カラマツなど。

ホシヒメホウジャク　スズメガ科

大きさ　開張 35 ～ 40 ㎜
分布　北海道、本州、四国、九州、対馬、屋久島

1月	2月	3月	**4月**	**5月**	**6月**	**7月**	**8月**	**9月**	**10月**	11月	12月

前翅後縁は内側に大きく湾曲する。スズメガの中では最小種。年2化、初夏と秋に出現するが、秋には数が多くなる。昼間に活動し、花に来てホバリングしながら吸蜜する。寄主植物はヘクソカズラ。

ヤママユ　ヤママユガ科

大きさ　開張 135 ～ 140 ㎜
分布　北海道、本州、四国、九州、南西諸島

1月	2月	3月	4月	5月	6月	7月	8月	9月	10月	11月	12月

翅の色彩は橙黄色、赤褐色、暗褐色、灰色をおびたものなど変異がある。前翅、後翅には淡黒色の横縞があり、それぞれ1個ずつ眼状紋がある。日本在来の代表的な野蚕で、天蚕（てんさん）ともいう。ヤママユガ科の成虫は口が退化しており、食餌をとらない。寄主植物はクヌギ、コナラ、クリ、カシ類、サクラ類など。

クスサン　ヤママユガ科

大きさ　開張 120 ～ 125 ㎜
分布　北海道、本州、四国、九州、南西諸島

1月	2月	3月	4月	5月	6月	7月	8月	9月	10月	11月	12月

オスの触角は羽毛状、メスは両櫛歯状。オスメスともに色彩の変異は著しく、特にオスは褐色、灰黄褐色、橙黄褐色、淡黄褐色などさまざまな色彩がある。幼虫は長い白色の毛におおわれ、ときには大発生して樹木を丸坊主にすることもある。年1化、初秋に出現する。寄主植物はきわめて多食性で、樹木の害虫とされる。

ウスタビガ　ヤママユガ科

大きさ　開張 85 ～ 100 ㎜
分布　北海道、本州、四国、九州

1月	2月	3月	4月	5月	6月	7月	8月	9月	10月	11月	12月

オスの翅頂は細く外方に突き出す。メスは大きく翅が丸みをおびる。翅の色彩は、オスでは黄色がかったものから赤みの強いものまで変異があるが、メスは黄色の個体だけで安定している。前翅、後翅それぞれの翅に半透明の目玉模様がある。年1化、秋に出現する。寄主植物はクヌギ、コナラ、サクラ類、カエデ類。

アヤトガリバ　カギバガ科

大きさ　開張 34 ～ 40 ㎜
分布　北海道、本州、四国、九州、対馬

1月	2月	3月	4月	**5月**	**6月**	**7月**	**8月**	**9月**	10月	11月	12月

色彩斑紋はオスメスほぼ同じ。前翅には波形の斑紋があり他の種では見られない。全国的に広く分布し、低山地から山地に普通に見られる。年2化。寄主植物はバラ科のカジイチゴ、コジキイチゴ。

カバエダシャク　シャクガ科

大きさ　開張 35 ～ 47 ㎜
分布　北海道、本州、四国、九州

1月	2月	3月	4月	5月	6月	7月	8月	9月	**10月**	**11月**	12月

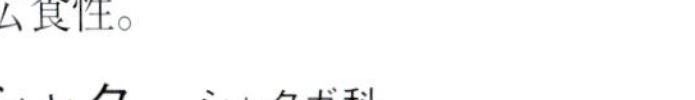

オスの触角は羽毛状、メスは短い櫛歯状。体は毛でおおわれる。前翅頂近くに小白斑がある。メスは翅が細く淡色。年1化。晩秋の蛾で10月から11月にかけて出現する。寄主植物は広食性。

エグリヅマエダシャク　シャクガ科

大きさ　開張 36 ～ 51 ㎜
分布　北海道、本州、四国、九州、南西諸島

1月	2月	3月	**4月**	**5月**	**6月**	**7月**	**8月**	**9月**	**10月**	11月	12月

オスの触角は櫛歯状、メスは糸状。翅は茶褐色の地色に一本の細い明瞭な外横線と1対の小黒斑がある。前翅外縁はえぐられたような形をしている。年3～4化。各地に普通。寄主植物は広食性。

チャエダシャク　シャクガ科

大きさ　開張 34 ～ 50 ㎜
分布　本州、四国、九州、対馬

1月	2月	3月	4月	5月	6月	7月	8月	9月	**10月**	**11月**	12月

オスの触角は発達し羽毛状。翅の色彩は濃淡の差があり、茶褐色から灰褐色の地色に黒褐色の筋が入る。年1化。秋に出現する代表的な蛾の一種。低山地に生息し、寄主植物は広食性で多種の広葉樹。

アキナミシャク　シャクガ科

大きさ　開張 31 ～ 37 mm
分布　北海道、本州、四国、九州

1月	2月	3月	4月	5月	6月	7月	8月	9月	**10月**	**11月**	12月

翅はオスの方が大きく、メスは翅頂がとがる。オスの触角は繊毛状、メスは微毛状。前翅の地色は白っぽくあまり灰色をおびない。後翅が暗色となる個体もある。生息地は山地で年１化、10 月に出現。

ミドリアキナミシャク　シャクガ科

大きさ　開張 25 ～ 30 mm
分布　北海道、本州、四国、九州、屋久島

1月	2月	3月	4月	5月	6月	7月	8月	9月	**10月**	**11月**	**12月**

翅の大きさはオスが大きい場合が多い。オスの触角は鋸歯状で繊毛が生じ、メスは微毛状。前翅の地色は淡緑色で、外横線と内横線は暗灰色の帯になる。生息は低山地、年１化、10 月から出現する。

ナカオビアキナミシャク　シャクガ科

大きさ　開張 25 ～ 31 mm
分布　北海道、本州、四国、九州、屋久島

1月	2月	3月	4月	5月	6月	7月	8月	9月	10月	**11月**	**12月**

翅の大きさはオスの方が大きい個体が多い。オスの触角は鋸歯状で繊毛が生じ、メスは微毛状。前翅の地色は淡黄褐色、濃色の太い帯状の外横線がある。年１化、11 月に出現する。寄主植物はリョウブ。

ヤスジシャチホコ　シャチホコガ科

大きさ　開張 39 ～ 52 mm
分布　北海道、本州、四国、九州、対馬

1月	2月	3月	4月	**5月**	**6月**	**7月**	**8月**	**9月**	10月	11月	12月

触角はオスメスとも両櫛歯状、櫛歯はオスの方が長い。前翅の地色は白灰色から褐色をおびるものまで変異がある。内横線は二重、前縁の外横線から傾斜する二本の帯がある。寄主植物はハリギリ。

クシヒゲシャチホコ　シャチホコガ科

大きさ　開張 32 ～ 40 mm
分布　北海道、本州、四国、九州

1月	2月	3月	4月	5月	6月	7月	8月	9月	**10月**	**11月**	**12月**

オスの触角は羽毛状で櫛歯は長く弱くふさふさしており、メスは糸状。翅は薄く透き通り、地色は赤褐色のものが多いが、黄褐色の個体もいる。年1化。灯火によく飛来する。寄主植物はカエデ類。

アケビコノハ　ヤガ科

大きさ　開張 95 ～ 100 mm
分布　北海道、本州、四国、九州、沖縄

1月	2月	3月	4月	**5月**	**6月**	**7月**	**8月**	**9月**	**10月**	11月	12月

前翅は枯葉の模様で緑褐色、後翅は黄色から橙色に黒色の紋がある。とまるときは派手な後翅を前翅の下に隠す、すると枯葉にそっくりな擬態になる。暖地では春から秋まで出現する。寄主植物はアケビ。

ホソバハガタヨトウ　ヤガ科

大きさ　開張 49 ～ 54 mm
分布　本州、四国、九州、対馬

1月	2月	3月	4月	5月	6月	7月	8月	9月	**10月**	**11月**	12月

前翅は細長く地色は黒褐色、腎状紋・環状紋・亜外縁線付近は白い灰白色となる。後翅は灰白色。年1化。成虫は晩秋に低山地から山地にかけて出現する。成虫越冬はしない。寄主植物はケヤキ。

アオバハガタヨトウ　ヤガ科

大きさ　開張 約 40 mm
分布　北海道、本州、四国、九州

1月	2月	3月	4月	5月	6月	7月	8月	9月	**10月**	**11月**	12月

オスの触角は鋸歯状で毛束を持つが、メスは糸状。翅の地色は焦げ茶色で緑の斑紋がある。環状紋・腎状紋は緑色で腎状紋の下部は白色。秋に出現するキリガの仲間。寄主植物はウラジロガシ。

クビグロクチバ　ヤガ科

大きさ　開張 60 ～ 62 mm
分布　北海道、本州、四国、九州

1月	2月	3月	4月	5月	6月	**7月**	**8月**	**9月**	**10月**	11月	12月

翅は落ち葉に似た模様を持つクチバの仲間。頭部の上方は黒色。翅脈は明瞭で前翅中央付近に黒い紋がある。年1化。夏から秋にかけて出現する。成虫は樹液や腐果に集まる。寄主植物はカモガヤなど。

キイロキリガ　ヤガ科

大きさ　開張 29 ～ 33 mm
分布　北海道、本州

1月	2月	3月	4月	5月	6月	7月	8月	**9月**	**10月**	11月	12月

前翅は鮮やかな黄色で中央線から亜外縁線の間は赤褐色。オスの触角は繊毛状、メスは糸状。頭部は赤褐色になる。年1化、秋に出現。本州では東北地方から中部地方にかけて分布する。寄主植物は未知。

クロクモヤガ　ヤガ科

大きさ　開張 約 42 mm
分布　北海道、本州、四国、九州、対馬、屋久島

1月	2月	3月	4月	5月	6月	7月	8月	**9月**	**10月**	11月	12月

翅の地色は褐色で、前翅には淡黄色で縁取られた黒色紋があり、基部付近にも黒色紋が複数見られる。年1化、5月頃より出現し、まもなく夏眠して秋に活動する。寄主植物はオオバコ、シロツメクサ。

ヤマノモンキリガ　ヤガ科

大きさ　開張 31 ～ 36 mm
分布　北海道、本州、四国、九州

1月	2月	3月	4月	5月	6月	7月	8月	9月	**10月**	**11月**	12月

オスの触角は毛束状、メスは糸状。前翅の地色は茶褐色で新鮮な個体では、やや紫色をおび色調は明るい。年1化、秋に出現するが成虫越冬はしない。灯火に飛来する。寄主植物はブナ科のブナ。

ケンモンミドリキリガ　ヤガ科

大きさ　開張 32 ～ 41 mm
分布　北海道、本州、四国、九州、対馬、屋久島

1月	2月	3月	4月	5月	6月	7月	8月	9月	10月	11月	12月

オスの触角は両櫛歯状、メスは糸状。前翅は青みをおびた緑色の地色に白く縁取られた黒斑があり、後翅は黒褐色で細い淡色の横線がある。年１化、秋に出現する。寄主植物はチドリノキ、ヤマザクラ。

キクキンウワバ　ヤガ科

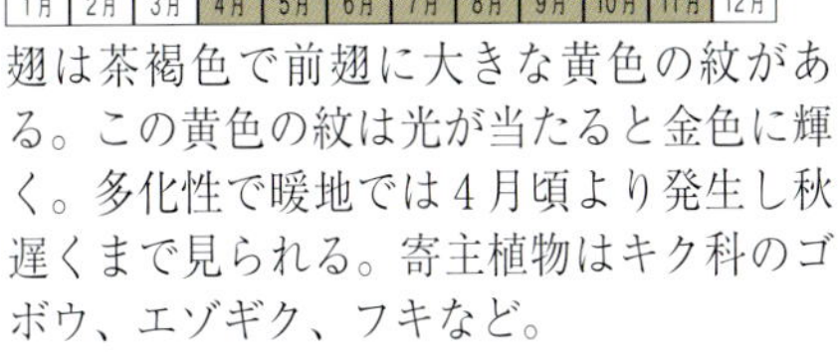

大きさ　開張 38 ～ 42 mm
分布　北海道、本州、四国、九州、沖縄

1月	2月	3月	4月	5月	6月	7月	8月	9月	10月	11月	12月

翅は茶褐色で前翅に大きな黄色の紋がある。この黄色の紋は光が当たると金色に輝く。多化性で暖地では４月頃より発生し秋遅くまで見られる。寄主植物はキク科のゴボウ、エゾギク、フキなど。

オオシマカラスヨトウ　ヤガ科

大きさ　開張 56 ～ 68 mm
分布　本州、四国、九州、屋久島

1月	2月	3月	4月	5月	6月	7月	8月	9月	10月	11月	12月

前翅は褐色で灰褐色の筋模様が入り、中央に不明瞭な黒帯がある。後翅は赤みがかった褐色。年1化。夏から秋にかけて出現する。低山地から山地にかけて普通に分布する。寄主植物はアラカシなど。

ウスキトガリキリガ　ヤガ科

大きさ　開張 36 ～ 40 mm
分布　本州、四国、九州、対馬

1月	2月	3月	4月	5月	6月	7月	8月	9月	10月	11月	12月

オスの触角は毛束状、メスは糸状。前翅は黄褐色で内横線と外横線は直線状で明瞭、その間は薄い褐色となる。翅頂は突出し、外縁は波状になる。年１化、秋に出現。寄主植物はツバキ、サクラ類。

赤トンボの検索図

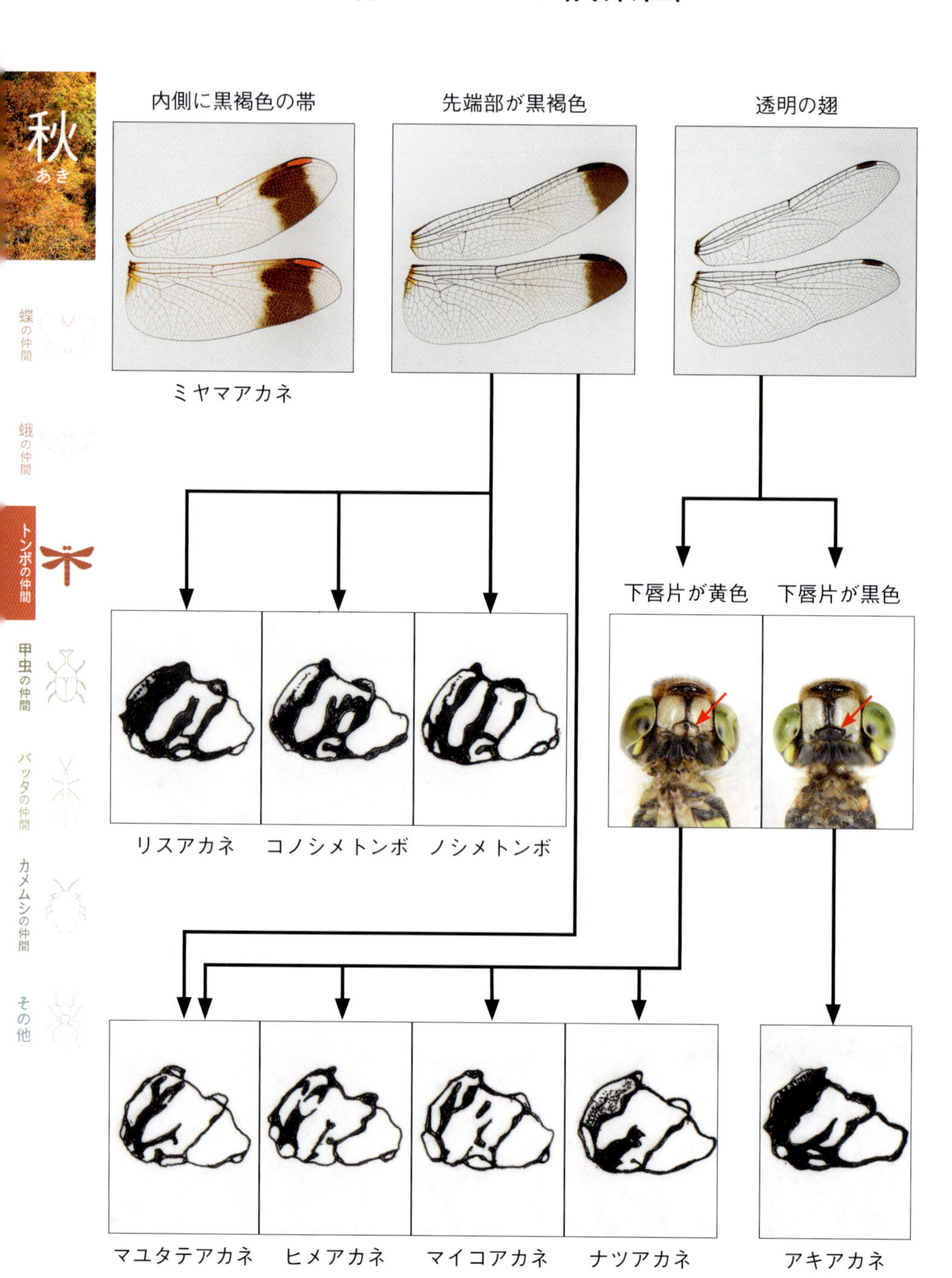

秋
あき
蝶の仲間
蛾の仲間
トンボの仲間
甲虫の仲間
バッタの仲間
カメムシの仲間
その他
内側に黒褐色の帯
先端部が黒褐色
透明の翅
ミヤマアカネ
下唇片が黄色
下唇片が黒色
リスアカネ
コノシメトンボ
ノシメトンボ
マユタテアカネ
ヒメアカネ
マイコアカネ
ナツアカネ
アキアカネ

ナツアカネ　トンボ科

大きさ　体長 33 ～ 43 ㎜
分布　北海道、本州、四国、九州

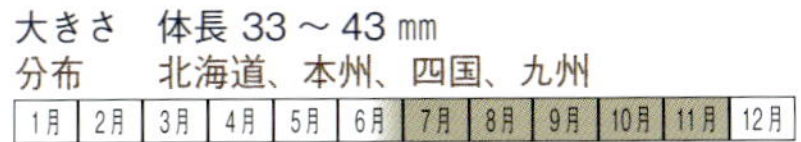

平地から丘陵地にかけて広く分布する種で、明るく開放的な環境を好む。成虫は6月下旬頃から羽化がはじまり12月上旬頃まで見られる。羽化後はいったん羽化水域から離れて、付近の雑木林の林縁や低山地に移動し、体が成熟するまでとどまる。未熟期にはオスメスとも体色は黄褐色をしているが、成熟したオスは全身が赤くなり、メスは腹部背面が赤くなる個体が多いが褐色型もいる。産卵はオスメスが連結して行う。

リスアカネ　トンボ科

大きさ　体長 31 ～ 46 ㎜
分布　北海道、本州、四国、九州

1月	2月	3月	4月	5月	6月	7月	8月	9月	10月	11月	12月

成虫は6月下旬頃から羽化がはじまり11月中旬まで見られる。平地から丘陵地にかけての周囲を樹林に囲まれたような閉鎖的な池沼で見られ、薄暗い環境を好む。水田などの明るい開放的な環境では見られない。羽化後もあまり移動することはなく、羽化水域の近くにとどまる。未熟なうちはオスメスとも黄褐色で、成熟したオスは腹部が朱色をおびた赤色、胸部は濃い褐色になる。オスメスとも翅の先端に褐色斑がある。

ノシメトンボ　トンボ科

大きさ　体長 37 ～ 52 ㎜
分布　　北海道、本州、四国、九州

1月	2月	3月	4月	5月	6月	7月	8月	9月	10月	11月	12月

赤トンボの中では大型種。翅の先端が褐色になるのが特徴的で、飛んでいても目立つ。平地から低山地にかけての周辺に林のある比較的開けた池沼や水田などに多い。羽化した成虫は周辺の林地に移動し、体が成熟するまでそこで摂食活動を行う。未熟なうちはオスメスとも体色は黄褐色で成熟すると全体的に黒みが増す。本種は赤くならない赤トンボで、オスでも暗い赤褐色になる程度。全国に広く分布し普通に見られる。

アキアカネ　トンボ科

大きさ　体長 33 ～ 46 ㎜
分布　　北海道、本州、四国、九州

1月	2月	3月	4月	5月	6月	7月	8月	9月	10月	11月	12月

もっとも馴染みの深い赤トンボ。平地から低山地にかけて生息し、羽化後に山地へ移動することで知られている。羽化した成虫は水辺を離れ、周辺の林や林縁で数日を過ごし、十分体力の付いた個体は単独又は群れで山地や高原を目指して移動する。真夏でも涼しい山地で摂食活動をして、充分に成熟した成虫は、特にオスは体色が鮮やかな赤色に変化し、通常秋雨前線の通過を契機に大群を成して山を下り平地へと戻って来る。

コノシメトンボ　トンボ科

大きさ　体長 35 ～ 45 ㎜
分布　北海道、本州、四国、九州

1月	2月	3月	4月	5月	6月	7月	8月	9月	10月	11月	12月

平地から山地の開放的な池沼、水田など。翅端には褐色斑がある。オスは成熟すると全身が赤くなる。メスは淡褐色だが背面が赤くなる個体もある。胸部中央の黒条は途中で分岐して後方に接する。

ヒメアカネ　トンボ科

大きさ　体長 28 ～ 38 ㎜
分布　北海道、本州、四国、九州

1月	2月	3月	4月	5月	6月	7月	8月	9月	10月	11月	12月

小さな赤トンボ。顔が白くて翅は透明。オスは成熟すると腹部が真っ赤になる。メスは橙褐色の個体が多い。平地から山地の周囲に樹林のある、植物の密生した湿地や放棄水田に生息。産地は限られる。

マユタテアカネ　トンボ科

大きさ：体長 30 ～ 43 ㎜
分　布：北海道、本州、四国、九州

1月	2月	3月	4月	5月	6月	7月	8月	9月	10月	11月	12月

顔面の額上部に眉斑と呼ばれる黒色の眉状の斑点が２つ並び、和名の由来となっている。オスは腹部がやや弓なりに湾曲し、尾部先端が上に反った独特の姿をしている。未熟な個体はオスメスとも黄褐色をしている。成熟したオスは腹部が赤く、胸部は焦げ茶色になる。メスは普通成熟しても赤くはなく黄褐色の個体が多い。平地から低山地にかけての池沼、水田、湿地などに生息し、周囲に立木のあるような環境を好む。

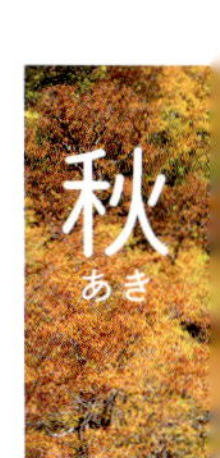

マイコアカネ　トンボ科

大きさ　体長 29 ～ 40 mm
分布　北海道、本州、四国、九州

1月	2月	3月	4月	5月	6月	7月	8月	9月	10月	11月	12月

平地から丘陵地の池沼、湿地、河川の淀みなどに生息、ほぼ全国的に分布するが生息場所は局地的で限られる。オスの顔面は青白く、胸部はオスメスとも小黒斑がある。成熟したオスは腹部が赤くなる。

ミヤマアカネ　トンボ科

大きさ　体長 30 ～ 41 mm
分布　北海道、本州、四国、九州

1月	2月	3月	4月	5月	6月	7月	8月	9月	10月	11月	12月

平地から山地にかけての、水深が浅い緩やかな流水域を好む傾向にある。翅の先端近くに特徴的な褐色の帯状斑を持つ。オスは成熟すると全身が赤くなる。メスは橙褐色だが赤みが強い個体もいる。

クロハナムグリ　コガネムシ科

大きさ　体長 11 ～ 14 mm
分布　北海道、本州、四国、九州、対馬

1月	2月	3月	4月	5月	6月	7月	8月	9月	10月	11月	12月

全体が黒色で体上面は光沢がなく、前翅の中央部に灰白色の帯状斑がある。前胸背板には数個の小淡色紋があるが、欠くことも多い。成虫は各種の花に集まり花粉を食べるが幼虫は朽木を食べて育つ。

コアオハナムグリ　コガネムシ科

大きさ　体長 11 ～ 16 mm
分布　北海道、本州、四国、九州、南西諸島

1月	2月	3月	4月	5月	6月	7月	8月	9月	10月	11月	12月

花に来るハナムグリでは小型種。体上面の色彩には変化があり、普通は緑色で白色の斑紋があるが、赤みがかったものや黒化するものもある。日当たりのよい草原で各種の花に来て花粉を食べる。

ヨモギハムシ　ハムシ科

大きさ　体長 約10㎜
分布　北海道、本州、四国、九州、南西諸島

1月	2月	3月	4月	5月	6月	7月	8月	9月	10月	11月	12月

体は黒色で背面は青藍色で黒藍色の個体もいる。上翅には4列の粗い点刻列がある。人家周辺でも見られる普通種。ヨモギ、ヤマシロギクなどで見られ、昼間は根ぎわで静止していることが多く、おもに夜間食草に上って食べる習性がある。ほとんど飛ぶことはない。

コナラシギゾウムシ　ゾウムシ科

大きさ　体長 6～10㎜
分布　北海道、本州、四国、九州

1月	2月	3月	4月	5月	6月	7月	8月	9月	10月	11月	12月

コナラに集まるゾウムシで、口吻は大変長く鳥のシギのように長い。コナラのどんぐりに長い口吻で穴をあけ、卵を産み付ける。産卵はどんぐりの若いうちに産み付けるので成長とともに穴はふさがれる。幼虫はどんぐりを食べて育ち、外に出て越冬した後、蛹化、羽化する。

オンブバッタ　バッタ科

大きさ　体長 25～42㎜
分布　北海道、本州、四国、九州、対馬

1月	2月	3月	4月	5月	6月	7月	8月	9月	10月	11月	12月

小型のバッタ。メスが大きくオスは著しく小さい。頭部は前方に突出して尖る。先端付近に触角と複眼が並んで付く。複眼・前胸部・後脚腿節にかけての白い線で背面と腹面が分かれる。成虫の翅は先が尖り長いが、飛ぶことはなく、後脚での跳躍や歩行によって移動する。

ショウリョウバッタ　バッタ科

大きさ　体長 45～82㎜
分布　北海道、本州、四国、九州、南西諸島

1月	2月	3月	4月	5月	6月	7月	8月	9月	10月	11月	12月

日本のバッタでは最大種。オスは細身で小さくメスは大きく日本産のバッタでは最大で、オスとメスの大きさが極端に違う。頭部が円錐形で斜め上に尖り、その尖った先端に複眼と触角が付く。体色は緑色が多いが、白い線や紋がある個体もいる。オスは飛ぶときキチキチと鳴く。

ショウリョウバッタモドキ　バッタ科

大きさ　体長 25 ～ 50 ㎜
分布　本州、四国、九州、南西諸島

1月	2月	3月	4月	5月	6月	7月	**8月**	**9月**	**10月**	**11月**	12月

体色は淡緑色で背面がやや淡紅色。体は軟らかく背面はほとんど直線的。脚は体に対して短く、跳躍力は弱い。その反面飛翔力に優れている。イネ科植物、ススキなどにとまって、近づくと反対側にくるりと回る。平地から山間部の草丈のあるイネ科群落に生息する。

ヒナバッタ　バッタ科

大きさ　体長 20 ～ 23 ㎜
分布　北海道、本州、四国、九州

1月	2月	3月	4月	5月	**6月**	**7月**	**8月**	**9月**	**10月**	**11月**	12月

平地から丘陵地のおもに乾燥した草原、特に野芝の生えているような環境に好んで生息するが、草原の真ん中より藪に近接した位置に見られる。乾燥に弱く水分を頻繁に摂取する。年 2 回、6 月頃と 9 月頃に成虫が現れ、12 月に入っても見られる。イネ科の植物を主食とする。

クルマバッタ　バッタ科

大きさ　体長 40 ～ 60 ㎜
分布　本州、四国、九州、南西諸島

1月	2月	3月	4月	5月	6月	**7月**	**8月**	**9月**	**10月**	**11月**	12月

後翅には特徴的な模様があり、飛んでいるときに後翅の羽ばたきで車輪が回っているように見えるのが和名の由来になっている。飛翔時には大きな羽音を立てて羽ばたく。林と草原が隣接する場所や、草丈の高低差のある広い草原を好む。イネ科の植物を主食としている。

クルマバッタモドキ　バッタ科

大きさ　体長 32 ～ 55 ㎜
分布　北海道、本州、四国、九州

1月	2月	3月	4月	5月	6月	**7月**	**8月**	**9月**	**10月**	**11月**	12月

クルマバッタよりもやや小型。後翅の車状の模様は色がやや薄い。飛ぶときには羽音を立てずに飛ぶ。オスメスとも体色は褐色が多いが、緑色の個体もいる。飛翔性は高く、速く長距離を飛ぶ。基本的に乾燥した草がまばらな環境を好むが、比較的湿潤な環境にも生息する。

トノサマバッタ　バッタ科

大きさ　体長 35 ～ 65 mm
分布　　北海道、本州、四国、九州、南西諸島

1月	2月	3月	4月	5月	6月	**7月**	**8月**	**9月**	**10月**	**11月**	12月

きれいな緑色で、上翅は濃茶色と黄褐色のまだら模様の翅のバッタ。緑色型と褐色型がある。日本のバッタの仲間では一番大きく、オスよりメスの方が大きい。空き地や河原など開けた場所に生息する。高い飛翔力を持ちよく飛ぶ。イネ科やカヤツリグサ科を食草とする。

セグロイナゴ　バッタ科

大きさ　体長 30 ～ 40 mm
分布　　本州、四国、九州、南西諸島

1月	2月	3月	4月	5月	6月	7月	**8月**	**9月**	**10月**	**11月**	12月

別名セグロバッタ。複眼に6条の縦縞模様がある。体色は灰色がかった薄茶色で、前胸の腹側に突起がある。前胸背面には黒褐色の大きな紋がある。翅は灰色がかった薄い褐色で濃褐色の斑点がある。自然度の高い草原に生息、やや草丈の低いイネ科植物の群落を好む。

ツマグロバッタ　バッタ科

大きさ　体長 32 ～ 45 mm
分布　　北海道、本州、四国、九州

1月	2月	3月	4月	5月	6月	**7月**	**8月**	**9月**	**10月**	11月	12月

別名ツマグロイナゴ。オスは鮮やかな黄色で、翅端と後脛節の黒色部がよく目立つ。メスは褐色で個体により濃淡がある。オスほど黒色部は目立たないが、変異の多い種である。草丈の高い草の茂る湿ったところに多く、昼夜を問わずにシュッシュッシュッと鳴く。

コバネイナゴ　バッタ科

大きさ　体長 28 ～ 40 mm
分布　　北海道、本州、四国、九州、南西諸島

1月	2月	3月	4月	5月	6月	**7月**	**8月**	**9月**	**10月**	**11月**	12月

体色は明るい緑色で、側面には黒色の線が頭部から胸部・尾部まで走っている。背は褐色から緑色。翅は名前のとおり短く、腹端を越えない個体が多いが、長翅形のものも見られる。本来はヨシなどの生える環境を好み、イネ科植物を食べるが、その他の雑草もよく食べる。

ハネナガイナゴ バッタ科

大きさ　体長 17 ～ 40 ㎜
分布　本州、四国、九州、南西諸島

1月	2月	3月	4月	5月	6月	7月	**8月**	**9月**	**10月**	**11月**	12月

体色は明るい緑色で、体の側面に濃い茶色の筋が頭部から尾端まで走る。翅は長く明らかに腹端を越える。水田やその周辺の草原などで見られる。ヨシなどの生えた湿った環境を好み、ヨシやイネの葉を食べる。農薬の影響で一時は激減したが、現在では回復傾向にある。

ヤマトフキバッタ バッタ科

大きさ　体長 23 ～ 38 ㎜
分布　本州、四国、九州、対馬、屋久島

1月	2月	3月	4月	5月	6月	**7月**	**8月**	**9月**	10月	11月	12月

オスメスともに翅がとても短いのが特徴で、まだ幼虫のように見えるが、れっきとした成虫である。体は緑色で、複眼の後方に黒斑がある。低地から丘陵地、山地まで広く分布している。河岸や低山地のクズの群落などに多く見られるが、標高の高いところでも見られる。

イボバッタ バッタ科

大きさ　体長 24 ～ 35 ㎜
分布　本州、四国、九州、対馬

1月	2月	3月	4月	5月	6月	**7月**	**8月**	**9月**	**10月**	**11月**	12月

体の地色は灰褐色で、暗褐色のまだら模様がある。少しゴツゴツとした感じのバッタで、胸部背面にイボ状の突起がある。後腿節には、普通2黒斑を持つ。平地の草地周辺の路上で地面が露出した場所にいて、普通に見られる。強い陽射しや乾燥に強く、よく飛ぶ。

ツチイナゴ バッタ科

大きさ　体長 38 ～ 50 ㎜
分布　本州、四国、九州、対馬、沖縄

1月	2月	3月	4月	5月	6月	**7月**	**8月**	**9月**	**10月**	11月	12月

幼虫は鮮明な緑色で、黒点を散布するが中には褐色のものもいる。他のバッタが成虫になる頃にはまだ幼虫で、秋も遅くなった中秋から晩秋にかけてやっと成虫になる。草原でクズが繁茂しているような環境を好む。九州以北に分布するバッタでは唯一、成虫越冬する。（写真は幼虫）

ハヤシノウマオイ　キリギリス科

大きさ　体長 25 ～ 46 ㎜
分布　本州、四国、九州

1月	2月	3月	4月	5月	6月	**7月**	**8月**	**9月**	**10月**	11月	12月

体は全体的に緑色、前胸背は褐色で黒条が長い。前脚と中脚の脛節に長いトゲが並ぶ。低地から低山地のブッシュ、林縁、雑木林の周辺の低木上などで見られる。おもに夜活動し、鋭いトゲのある前脚を使って小昆虫を捕えて食べる肉食性。スィーッチョンと張りのある声で鳴く。

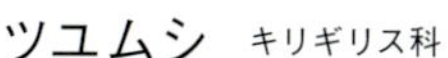

ツユムシ　キリギリス科

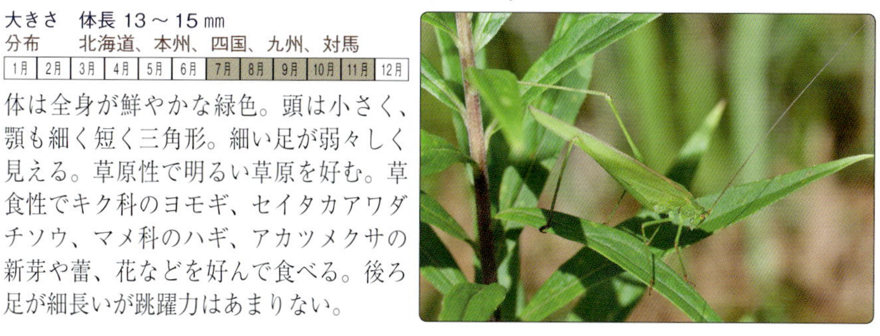

大きさ　体長 13 ～ 15 ㎜
分布　北海道、本州、四国、九州、対馬

1月	2月	3月	4月	5月	6月	**7月**	**8月**	**9月**	**10月**	**11月**	12月

体は全身が鮮やかな緑色。頭は小さく、顎も細く短く三角形。細い足が弱々しく見える。草原性で明るい草原を好む。草食性でキク科のヨモギ、セイタカアワダチソウ、マメ科のハギ、アカツメクサの新芽や蕾、花などを好んで食べる。後ろ足が細長いが跳躍力はあまりない。

アシグロツユムシ　キリギリス科

大きさ　体長 15 ～ 17 ㎜
分布　北海道、本州、四国、九州、対馬

1月	2月	3月	4月	5月	6月	**7月**	**8月**	**9月**	**10月**	**11月**	12月

体はややくすんだ緑色で、前胸から翅の先まで褐色の縦筋がある。前翅には暗点があり網目模様になる。触角は長く黒色で白色斑がある。前脚、頭部は赤みをおび、後脚の脛節が黒褐色。平地から山地まで広く分布し、草木の上で生活している。食性は完全な草食性。

クサキリ　キリギリス科

大きさ　体長 24 ～ 30 ㎜
分布　本州、四国、九州、対馬、屋久島

1月	2月	3月	4月	5月	6月	7月	**8月**	**9月**	**10月**	11月	12月

体は緑色型と褐色型があり、メスは長めの産卵管を持ち翅端を越える。頭頂部が丸く、口の周辺は黄色っぽい。後脚脛節は濃い褐色で、後ろ足が長く跳躍力が強い。飛翔力もあり灯火に飛来する。比較的自然度の高い環境を好むが、湿潤な草原や草丈の高くない草原に生息する。

コバネササキリ　キリギリス科

大きさ　体長 13 ～ 20 ㎜
分布　北海道、本州、四国、九州、南西諸島

1月	2月	3月	4月	5月	6月	7月	8月	**9月**	**10月**	**11月**	12月

体色は緑色から黄褐色。翅は褐色、翅は腹端にとどく程度で飛翔力は持たない。稀に長翅形が出る。触角は長く体長のおよそ3～4倍の長さがある。複眼の後ろから濃い褐色の線が前胸まで伸びる。腹部は赤褐色と黄色で目立つ。日当たりのよい湿った草地に生息する。

カンタン　コオロギ科

大きさ　体長 11 ～ 20 ㎜
分布　北海道、本州、四国、九州

1月	2月	3月	4月	5月	6月	7月	**8月**	**9月**	**10月**	**11月**	12月

体は細長く長い触角を持ち、体色は薄緑色から薄黄色をしている。成虫の腹部下面は通常黒い。クズ、ヨモギ、ススキなどの生えている草地、河岸、路傍に生息する。オスは夜間、葉に空いた穴などから頭をのぞかせ、翅を立てて鳴く。人の気配などには非常に敏感。

クサヒバリ　ヒバリモドキ科

大きさ　体長 6 ～ 8 ㎜
分布　本州、四国、九州、沖縄

1月	2月	3月	4月	5月	6月	7月	**8月**	**9月**	**10月**	11月	12月

体は淡褐色で黒褐色の斑紋を持ち、後肢腿節に2つの黒条がある。触角は非常に長く、前胸は前方に狭まる。オスの前翅は楕円形で、数個の黒褐色斑があり大きな発音器になる。成虫は8月頃から現れ低木上や草むらで「チリリリリリ…」と高い連続音で鳴く。

マダラスズ　ヒバリモドキ科

大きさ　体長 6 ～ 12 ㎜
分布　北海道、本州、四国、九州

1月	2月	3月	4月	5月	**6月**	**7月**	**8月**	**9月**	**10月**	**11月**	12月

体は黒色。肢が白と黒のまだら模様になっているので、和名の由来になっている。スズは小型の鳴くコオロギの意。背面は暗褐色、側面は黒く、後肢腿節は白く3個の大きい斑がある。オスの前翅は茶褐色で短く発音器になっている。草原、芝生、原っぱに普通に見られる。

カネタタキ　カネタタキ科

大きさ　体長 7 ～ 11 ㎜
分布　本州、四国、九州、南西諸島

1月	2月	3月	4月	5月	6月	7月	**8月**	**9月**	**10月**	**11月**	12月

体は淡褐色のやや細長く平たい体形をしている。オスは頭部、前胸部が明るい褐色。翅は暗赤褐色、翅の退化が著しく、オスのみ発音器用に前翅を持つが非常に小さく、メスには翅がない。都市近郊や人家付近の植え込み、庭木などに生息、オスは昼も夜もチン・チン・チンと鳴く。

エンマコオロギ　コオロギ科

大きさ　体長 26 ～ 34 ㎜
分布　北海道、本州、四国、九州

1月	2月	3月	4月	5月	6月	7月	**8月**	**9月**	**10月**	**11月**	12月

体は焦げ茶色で頑丈な体型をしている。頭部は光沢が強く、大きなコオロギ。原っぱや路傍、畑や荒れ地などに広く生息し、人家周辺でもよく見られる。オスの翅には複雑な筋が入っていて、この翅をすり合わせることで鳴き声を出している。物陰でコロコロリーと鳴く。

ハラオカメコオロギ　コオロギ科

大きさ　体長 13 ～ 18 ㎜
分布　北海道、本州、四国、九州、対馬

1月	2月	3月	4月	5月	6月	7月	**8月**	**9月**	**10月**	**11月**	12月

オス成虫の頭部顔面が扁平で、かつ前傾しているのが最大の特徴。和名のオカメは、この扁平な頭部の輪郭下半分が下膨れ気味で「おかめ」を連想させることに由来する。農耕地や草地・空地などに生息する。昼間は草の根ぎわに潜み、夜になると出歩いて餌を探す雑食性。

モリオカメコオロギ　コオロギ科

大きさ　体長 12 ～ 16 ㎜
分布　本州、四国、九州

1月	2月	3月	4月	5月	6月	7月	**8月**	**9月**	**10月**	**11月**	12月

体は暗灰褐色の中型のコオロギ。複眼間、触角の付け根に細い白帯がある。ハラオカメコオロギに似るが、ハラオカメは開けた場所に生息し、本種は林の中や林縁に棲み、棲む場所の環境が違う。前翅の翅端部は本種の方が長い。オスはリーリ・リ・リ・リと区切って鳴く。

アシブトハナアブ　ハナアブ科

大きさ　体長 12 ～ 14 ㎜
分布　　北海道、本州、四国、九州

1月	2月	3月	4月	5月	6月	7月	8月	9月	10月	11月	12月

胸部に縦筋があり、腹部には黄色の三角斑が目立つ。後肢は黒色で腿節が太く、脛節は湾曲する。都市周辺でもよく見られる普通種で、各種の花に集まり蜜や花粉を食べる。幼虫は水中生活をする。

キゴシハナアブ　ハナアブ科

大きさ　体長 9 ～ 13 ㎜
分布　　本州、四国、九州、南西諸島

1月	2月	3月	4月	5月	6月	7月	8月	9月	10月	11月	12月

まだら模様の黄色い複眼が印象的。複眼は黄色で、まばらに暗赤色の点が散らばる。胸部は中央に黄色の３本の縦筋、側縁に各１本の縦筋が入る。胸部、腹部とも光沢がある。各種の花に集まる。

オオカマキリ　カマキリ科

大きさ：体長 70 ～ 95 ㎜
分　布：北海道、本州、四国、九州、対馬

1月	2月	3月	4月	5月	6月	7月	8月	9月	10月	11月	12月

全体的に緑色系の体色の個体が多いが褐色型もいる。寒冷地では小型、暖地では大型になる。1 卵塊から 100 から 200 の幼虫が孵化する。成虫にまで成長できるのは数匹。平地から山地の日当たりのよい環境を好む。孵化は卵の中央部の穴から体をくねらせながら、薄い皮をかぶって出て来る。薄い皮から脱皮し四方に散って行き、自分で餌を狩り育っていく。8 月頃には翅の生えた立派な成虫のカマキリが誕生する。

カネタタキ　カネタタキ科

大きさ　体長 7 ～ 11 mm
分布　本州、四国、九州、南西諸島

1月	2月	3月	4月	5月	6月	7月	**8月**	**9月**	**10月**	**11月**	12月

体は淡褐色のやや細長く平たい体形をしている。オスは頭部、前胸部が明るい褐色。翅は暗赤褐色、翅の退化が著しく、オスのみ発音器用に前翅を持つが非常に小さく、メスには翅がない。都市近郊や人家付近の植え込み、庭木などに生息、オスは昼も夜もチン・チン・チンと鳴く。

エンマコオロギ　コオロギ科

大きさ　体長 26 ～ 34 mm
分布　北海道、本州、四国、九州

1月	2月	3月	4月	5月	6月	7月	**8月**	**9月**	**10月**	**11月**	12月

体は焦げ茶色で頑丈な体型をしている。頭部は光沢が強く､大きなコオロギ。原っぱや路傍、畑や荒れ地などに広く生息し、人家周辺でもよく見られる。オスの翅には複雑な筋が入っていて、この翅をすり合わせることで鳴き声を出している。物陰でコロコロリーと鳴く。

ハラオカメコオロギ　コオロギ科

大きさ　体長 13 ～ 18 mm
分布　北海道、本州、四国、九州、対馬

1月	2月	3月	4月	5月	6月	7月	**8月**	**9月**	**10月**	**11月**	12月

オス成虫の頭部顔面が扁平で、かつ前傾しているのが最大の特徴。和名のオカメは、この扁平な頭部の輪郭下半分が下膨れ気味で「おかめ」を連想させることに由来する。農耕地や草地・空地などに生息する。昼間は草の根ぎわに潜み、夜になると出歩いて餌を探す雑食性。

モリオカメコオロギ　コオロギ科

大きさ　体長 12 ～ 16 mm
分布　本州、四国、九州

1月	2月	3月	4月	5月	6月	7月	**8月**	**9月**	**10月**	**11月**	12月

体は暗灰褐色の中型のコオロギ。複眼間、触角の付け根に細い白帯がある。ハラオカメコオロギに似るが、ハラオカメは開けた場所に生息し、本種は林の中や林縁に棲み、棲む場所の環境が違う。前翅の翅端部は本種の方が長い。オスはリーリ・リ・リ・リと区切って鳴く。

ミツカドコオロギ　コオロギ科

大きさ　体長 16 ～ 20 mm
分布　本州、四国、九州

1月	2月	3月	4月	5月	6月	7月	**8月**	**9月**	**10月**	**11月**	12月

暗灰褐色の中型のコオロギ。オスの頭部顔面は扁平で真っ平ら、前傾する。両側は角状に突き出している。背面から見ると左右前方の三方に角が出ているように見える。原っぱや農耕地に生息し、人家付近でも見られる。昼間は草の根ぎわに潜み、夜になると餌を探しに出る。

ツヅレサセコオロギ　コオロギ科

大きさ　体長 15 ～ 21 mm
分布　北海道、本州、四国、九州

1月	2月	3月	4月	5月	6月	7月	**8月**	**9月**	**10月**	**11月**	12月

本種の名前はあまり聞き慣れないが､｢綴（つづ）れ刺（さ）せ蟋蟀（こおろぎ）｣で、これは、かつてコオロギの鳴き声を「肩刺せ綴れ刺せ」と聞きなし、冬に向かって衣類の手入れをせよとの意にとったことに由来する。農耕地の畑や原っぱ・庭先など、石の下や枯草の下にいて、リーリーリーと鳴く。

クヌギカメムシ　クヌギカメムシ科

大きさ　体長 約 12 mm
分布　本州、四国、九州

1月	2月	3月	4月	5月	6月	**7月**	**8月**	**9月**	**10月**	**11月**	12月

体は長形で黄緑色。体上面にまばらに黒色の点刻がある。体長より長い触角が目立つ。頭部中葉は長く突出し、前胸背は腹部より幅が狭い。オス生殖節の中央突起は先端に向かって細くなる。クヌギ、カシワ、コナラなどの枝上で生活し、晩秋にひも状の卵塊を樹幹に産み付ける。

キバラヘリカメムシ　ヘリカメムシ科

大きさ　体長 14 ～ 17 mm
分布　北海道、本州、四国、九州、沖縄

1月	2月	3月	**4月**	**5月**	**6月**	**7月**	**8月**	**9月**	**10月**	**11月**	12月

腹部が黄色いカメムシ。上から見ると背面は黒褐色で地味ではあるが、腹部周辺のはみ出した部分が黄色と黒の縞模様となって見える。各脚の腿節部半分が白色、触角先端部が赤色。横から見ると腹部の黄色が目立つ。マユミ、ニシキギの実に成虫、幼虫が好んで多数集まる。

ツクツクボウシ　セミ科

大きさ　体長（翅端まで）40 ～ 47 mm
分布　　北海道、本州、四国、九州

1月	2月	3月	4月	5月	6月	7月	**8月**	**9月**	**10月**	11月	12月

細身で黒褐色、緑色の斑紋がある。都市部でも普通に見られ、姿より鳴き声で有名。人の気配に敏感で姿を見ることは少ない。夏の終わりに鳴き声が目立つようになり、秋を告げるセミとされる。

チッチゼミ　セミ科

大きさ　体長（翅端まで）27 ～ 32 mm
分布　　北海道、本州、四国、九州

1月	2月	3月	4月	5月	6月	7月	**8月**	**9月**	**10月**	11月	12月

日本では最小のセミ。体色は黒褐色、中胸背に1対の黄紋がある。とまっているとき、前翅中央付近から腹背に、後翅がはみ出て角ばった黒色のでっぱりが見える。低山地から山地の針葉樹林に生息する。

ミミズク　ヨコバイ科

大きさ　体長（翅端まで）14 ～ 19 mm
分布　　本州、四国、九州、沖縄

1月	2月	3月	4月	**5月**	**6月**	**7月**	**8月**	**9月**	**10月**	**11月**	12月

体は暗褐色から黒褐色で前胸背の後半上に大きな1対の耳状突起がある。オスではやや小さく上方に突出するにすぎないが、メスでははるかに大きく上前方に突出する。幼虫はブナ科植物に寄生する。

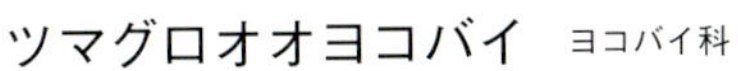

ツマグロオオヨコバイ　ヨコバイ科

大きさ　体長（翅端まで）約 13 mm
分布　　本州、四国、九州

1月	2月	3月	4月	5月	6月	**7月**	**8月**	**9月**	**10月**	**11月**	12月

体は黄褐色で頭部と前胸背に顕著な黒点があり、前翅末端は黒色。林縁や草原の多種の植物に付き、その植物の汁を吸う。きわめて普通の種で広く分布する。危険を感じると横に移動、葉の裏に隠れる。

キンケハラナガツチバチ　ツチバチ科

大きさ　体長 16 ～ 27 ㎜
分布　本州、四国、九州

1月	2月	3月	4月	5月	6月	**7月**	**8月**	**9月**	**10月**	**11月**	12月

体は黒色で淡黄色の長毛を密生する。頭部・胸部・第１腹背板に黄褐色の長毛が多数生えている。オスは小型で体も細く頭楯はほとんど黄色、触角は長い。腹部は毛帯と黄色の帯紋があるが、メスには黄色の帯紋はない。平地から低山地の林縁や草原の花に集まり花粉を食べる。

オオハキリバチ　ハキリバチ科

大きさ　体長 17 ～ 25 ㎜
分布　北海道、本州、四国、九州

1月	2月	3月	4月	5月	6月	**7月**	**8月**	**9月**	**10月**	11月	12月

地色は黒色、胸部と腹部第１節の背板に黄褐色の毛を密生する。翅の基部は黄褐色で、先端に向かって次第に黒くなり紫紺の光沢を持つ。クズ、オミナエシなど多種の花から花粉と蜜を集め花粉団子を作り、幼虫の餌とする。幼虫の巣は細い竹筒を利用し、巣材は松脂を使う。

ホソヒラタアブ　ハナアブ科

大きさ　体長 8 ～ 11 ㎜
分布　北海道、本州、四国、九州

1月	2月	**3月**	**4月**	**5月**	**6月**	**7月**	**8月**	**9月**	**10月**	**11月**	12月

腹部は橙黄色と黒色の縞模様、それぞれの節に太い帯と細い帯の各２本ずつの黒帯がある。花上でよく見られ、空中でホバリングしながら花から花へと飛び回る。都市近郊、人家の庭先でも見られるスマートな普通種。幼虫はアブラムシを食べて育ち、成虫で越冬する。

ナミホシヒラタアブ　ハナアブ科

大きさ　体長 10 ～ 11 ㎜
分布　北海道、本州、四国、九州

1月	2月	**3月**	**4月**	**5月**	**6月**	**7月**	**8月**	**9月**	**10月**	**11月**	12月

体の地色は黒色。胸部背面は光沢のある青銅色、複眼は無毛、頭頂部に紫色の光沢がある。腹部は黒地に黄色の斑紋と帯の縞模様。ホバリングしながら花から花へと飛び回る。平地から丘陵地の公園の植え込み、人家の庭先など花のあるところで普通に見られる。

オオヒメヒラタアブ ハナアブ科

大きさ　体長 約 10 mm
分布　本州、四国、九州

1月	2月	3月	4月	5月	6月	7月	8月	9月	10月	11月	12月

体は黒褐色の地色に黄色い縞模様がきれいなハナアブ。小楯板と胸側、胸部の左右の黄色がよく目立つ。体は全体に光沢があり黄色と黒の対照が際立って美しい。腹部先端の模様は、この種独特の模様で他種には見られない。平地から丘陵地の花に、他のハナアブと共に来ている。

ハナアブ ハナアブ科

大きさ　体長 14 ～ 16 mm
分布　北海道、本州、四国、九州、沖縄

1月	2月	3月	4月	5月	6月	7月	8月	9月	10月	11月	12月

成虫は花に飛来して蜜や花粉を食べる。虫媒花の送粉者として重要で、特にキク科植物にはハナアブ科に依存し花を咲かせるものが多い。幼虫は水中生活で、円筒形の体から尾部が長く伸び、先端に気門が開き呼吸する。平地から丘陵地に普通に見られ、花によく集まる。

オオハナアブ ハナアブ科

大きさ　体長 11 ～ 16 mm
分布　北海道、本州、四国、九州、沖縄

1月	2月	3月	4月	5月	6月	7月	8月	9月	10月	11月	12月

体は黒色で丸っこい。腹部に太い赤黄色の横帯がありよく目立つ。頭部は大きく半球状になる。複眼には濃淡のきれいな模様がある。また、複眼間には3つの赤い単眼がある。都市周辺でもよく見られる普通種で、花の蜜や花粉を食べる。幼虫は水中生活をし、腐食物を食べる。

シマハナアブ ハナアブ科

大きさ　体長 11 ～ 13 mm
分布　北海道、本州、四国、九州、沖縄

1月	2月	3月	4月	5月	6月	7月	8月	9月	10月	11月	12月

胸部背面は暗緑色で黒色の太い横帯がある。腹部は明瞭な赤黄色の三角斑と縞模様がある。ハナアブと共に各地で普通に見られるが、本種の方が小型で腹部の模様がはっきりしていることなどで区別ができる。成虫は各種の花に集まり、幼虫は水中生活で長い呼吸管を持つ。

アシブトハナアブ　ハナアブ科

大きさ　体長 12～14 mm
分布　北海道、本州、四国、九州

1月	2月	3月	4月	5月	6月	7月	8月	9月	10月	11月	12月

胸部に縦筋があり、腹部には黄色の三角斑が目立つ。後肢は黒色で腿節が太く、脛節は湾曲する。都市周辺でもよく見られる普通種で、各種の花に集まり蜜や花粉を食べる。幼虫は水中生活をする。

キゴシハナアブ　ハナアブ科

大きさ　体長 9～13 mm
分布　本州、四国、九州、南西諸島

1月	2月	3月	4月	5月	6月	7月	8月	9月	10月	11月	12月

まだら模様の黄色い複眼が印象的。複眼は黄色で、まばらに暗赤色の点が散らばる。胸部は中央に黄色の3本の縦筋、側縁に各1本の縦筋が入る。胸部、腹部とも光沢がある。各種の花に集まる。

オオカマキリ　カマキリ科

大きさ：体長 70～95 mm
分　布：北海道、本州、四国、九州、対馬

1月	2月	3月	4月	5月	6月	7月	8月	9月	10月	11月	12月

全体的に緑色系の体色の個体が多いが褐色型もいる。寒冷地では小型、暖地では大型になる。1卵塊から100から200の幼虫が孵化する。成虫にまで成長できるのは数匹。平地から山地の日当たりのよい環境を好む。孵化は卵の中央部の穴から体をくねらせながら、薄い皮をかぶって出て来る。薄い皮から脱皮し四方に散って行き、自分で餌を狩り育っていく。8月頃には翅の生えた立派な成虫のカマキリが誕生する。

コカマキリ　カマキリ科

大きさ：体長 45 ～ 60 ㎜
分　布：本州、四国、九州、沖縄

1月	2月	3月	4月	5月	6月	7月	8月	9月	10月	11月	12月

体は灰褐色から暗褐色、まれに緑色の個体もいる。小型で細長く、後翅に黒褐色の斑紋が不規則に散らばる。前脚の基節内側に黒斑、外側に黒・白・紫のはっきりとした斑紋があるのが本種の特徴。カマキリの複眼は視野が広く、あらゆる角度から獲物を見つけられる。低木や草の上、地表近くを歩き回り、様々な昆虫を捕えて食べる。平地から山地の林縁、草原、人家周辺まで幅広い環境に生息する。

ハラビロカマキリ　カマキリ科

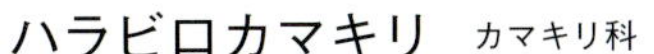

大きさ：体長 45 ～ 70 ㎜
分　布：本州、四国、九州、沖縄

1月	2月	3月	4月	5月	6月	7月	8月	9月	10月	11月	12月

他のカマキリに比べ前胸が短く、腹部が幅広い。成虫の前翅中央に白色斑があるのが特徴。前脚には白黄色のイボがある。体色は黄緑色の個体が多いが、まれに紫色がかった褐色の個体も見られる。樹上性の傾向が強く、低地から丘陵地の林縁や草原の樹木の小枝、葉上に生息する。草丈の高い草花で、訪花性昆虫を待ち伏せている姿を見ることもある。幼虫は腹部を背面に強く反り返らせている。

トビナナフシ　ナナフシ科

大きさ：体長 36 ～ 56 ㎜
分　布：本州、四国、九州、沖縄

1月	2月	3月	4月	5月	6月	7月	8月	9月	10月	11月	12月

体色は緑色から汚褐色。後翅は紫紅色から濃紅色でオスの後翅はメスより発達し飛ぶことが出来るが、メスは体が大きく飛ぶことは出来ない。腹面はオスメスともに黄緑色。危険にさらされたとき、脚を自切して逃げることが出来る。若い幼虫であれば脱皮するごとに、再生することができる特異な昆虫。屋久島以南では有性生殖が主だが、九州以北では単為生殖で、オスは非常に稀になる。

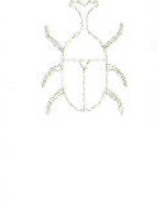

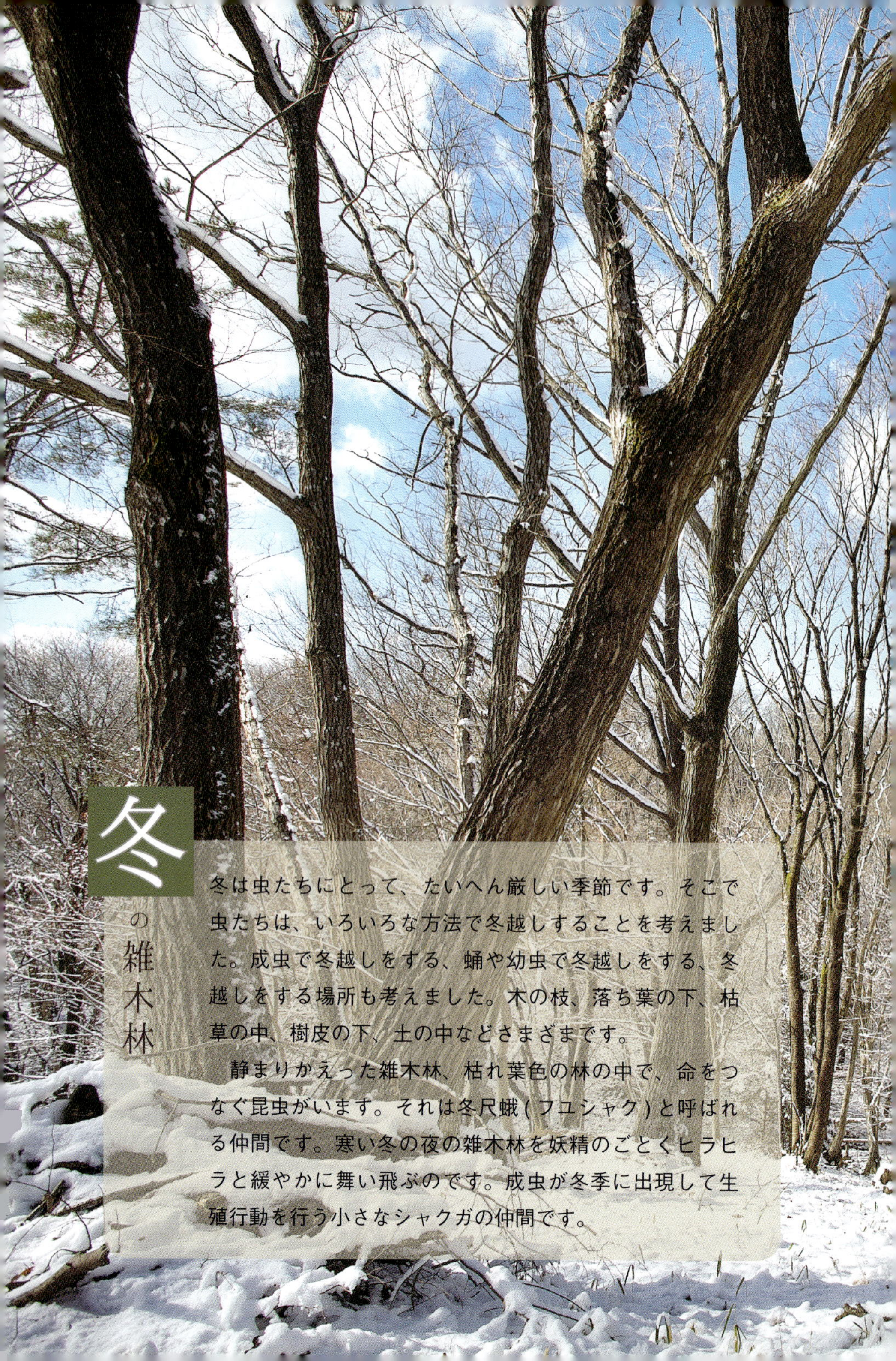

冬の雑木林

冬は虫たちにとって、たいへん厳しい季節です。そこで虫たちは、いろいろな方法で冬越しすることを考えました。成虫で冬越しをする、蛹や幼虫で冬越しをする、冬越しをする場所も考えました。木の枝、落ち葉の下、枯草の中、樹皮の下、土の中などさまざまです。

静まりかえった雑木林、枯れ葉色の林の中で、命をつなぐ昆虫がいます。それは冬尺蛾（フユシャク）と呼ばれる仲間です。寒い冬の夜の雑木林を妖精のごとくヒラヒラと緩やかに舞い飛ぶのです。成虫が冬季に出現して生殖行動を行う小さなシャクガの仲間です。

チョウ目（チョウ）の仲間

1 ギフチョウ p.178
2 ウスバアゲハ p.178
3 アゲハ p.178
4 ジャコウアゲハ p.178
5 モンシロチョウ p.179
6 オオムラサキ p.179
7 ゴマダラチョウ p.179
8 アカボシゴマダラ p.179
9 ミドリシジミ p.180
10 ウラゴマダラシジミ p.180

チョウ目（蛾）の仲間

1 イラガ p.180
2 クスサン p.180
3 ヤママユ p.181
4 ウスタビガ p.181
5 シロオビフユシャク p.181
6 クロテンフユシャク p.182
7 ウスバフユシャク p.182
8 フタスジフユシャク p.182
9 ウスモンフユシャク p.182
10 ナミスジフユナミシャク p.183
11 イチモジフユナミシャク p.183
12 クロオビフユナミシャク p.183
13 クロスジフユエダシャク p.184
14 チャバネフユエダシャク p.184
15 オオチャバネフユエダシャク p.184
16 シモフリトゲエダシャク p.184
17 アカエグリバ p.185
18 ヨスジノコメキリガ p.185
19 ホシオビキリガ p.185
20 カシワオビキリガ p.186
21 イチゴキリガ p.186
22 ミツボシキリガ p.186
23 カシワキボシキリガ p.186

カメムシ目の仲間

1 アカスジキンカメムシ p.194
2 クロヒラタカメムシ p.194
3 クサギカメムシ p.194
4 シモフリクチブトカメムシ p.194
5 ヨコヅナサシガメ p.195
6 クリオオアブラムシ p.195

1 アオオサムシ p.187
2 アカガネオサムシ p.187
3 クロナガオサムシ p.187
4 ヒメマイマイカブリ p.187
5 アオゴミムシ p.188
6 アオヘリアオゴミムシ p.188
7 アトボシアオゴミムシ p.188
8 オオゴミムシ p.188
9 オオヨツボシゴミムシ p.189
10 オオマルガタゴミムシ p.189
11 オオアトボシアオゴミムシ p.189
12 オオキベリアオゴミムシ p.189
13 クビアカモリヒラタゴミムシ p.190
14 コヨツボシアトキリゴミムシ p.190
15 スジアオゴミムシ p.190
16 ヨツボシゴミムシ p.190
17 クロホシテントウゴミムシダマシ p.191
18 ツヤヒサゴゴミムシダマシ p.191
19 コクワガタ p.191
20 コカブト p.191
21 ウバタマコメツキ p.192
22 オオアカコメツキ p.192
23 オオクチキムシ p.192
24 タテジマカミキリ p.192

コウチュウ目の仲間

バッタ目の仲間

1 ツチイナゴ p.193
2 ハラヒシバッタ p.193
3 クビキリギス p.193
4 コロギス p.193

1 オオカマキリ p.195
2 ハラビロカマキリ p.196
3 コカマキリ p.196
4 ムモンホソアシナガバチ p.196
5 オオスズメバチ p.197
6 キイロスズメバチ p.197
7 コガタスズメバチ p.197
8 ヒメスズメバチ p.198
9 ムネアカオオアリ p.198
10 コマダラウスバカゲロウ p.198
11 ヤマトシロアリ p.198

その他の仲間

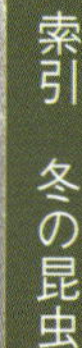

ギフチョウ　アゲハチョウ科

大きさ　前翅長 30 ～ 34 mm
分布　本州（秋田県～山口県）

1月	2月	3月	**4月**	5月	6月	7月	8月	9月	10月	11月	12月

成虫の出現期はソメイヨシノの咲く頃で、生息地は低山地の雑木林。桜の花の終わる頃、食草に産み付けられた卵は約2週間でふ化、幼虫は夏までには蛹化する。越冬態は蛹。食草の近くで草やササの根元近く、地表に近いところで蛹化する。枯草に似て非常に見つけにくい。

ウスバアゲハ　アゲハチョウ科

大きさ　前翅長 約 35 mm
分布　本州、四国

1月	2月	3月	4月	**5月**	**6月**	7月	8月	9月	10月	11月	12月

卵で越冬する。生息地は比較的日当たりのよい雑木林や傾斜地で食草のムラサキケマンなどが生えているところが多く、飛び方は極めて緩やかに滑空する。卵は食草の自生する林や林道沿い傾斜地などで、地表近くの枯れ枝や草の根元近くに産み付けられ、夏秋冬を卵で過ごす。

アゲハ　アゲハチョウ科

大きさ　前翅長 38 ～ 58 mm
分布　北海道、本州、四国、九州、南西諸島

1月	2月	**3月**	**4月**	**5月**	**6月**	**7月**	**8月**	**9月**	**10月**	11月	12月

蛹で越冬する。生息地は平地から低山地に多く、人家周辺や公園などでも普通に見られる。多化性で暖地では3月頃から発生を繰り返す。蛹の付く場所は食樹の幹や小枝、周辺の樹木、ブロック塀や建物など。地表から少し離れた所で蛹化する。蛹には緑色型と褐色型がある。

ジャコウアゲハ　アゲハチョウ科

大きさ　前翅長 45 ～ 63 mm
分布　本州、四国、九州

1月	2月	3月	4月	**5月**	**6月**	**7月**	**8月**	**9月**	10月	11月	12月

蛹で越冬する。成虫は緩やかに低く飛び、各種の花を訪れる。蛹は橙黄色で蝋状光沢があり、胸部背面には橙色斑があるが越冬蛹は黄色みが少なく、くすんだ色をしている。蛹化場所は下草や小枝などの他、建物の塀や軒下などを好み、他のアゲハ類とは異なる傾向にある。

モンシロチョウ　シロチョウ科

大きさ　前翅長 20 ～ 30 ㎜
分布　日本全土

1月	2月	3月	4月	5月	6月	7月	8月	9月	10月	11月	12月

蛹で越冬するが、暖地では蛹の他に終齢幼虫で越冬するものもいる。春から秋までは食草のキャベツや大根の葉裏などで蛹化するのが多いが、越冬する場合は畑などの栽培植物から離れることが多い。畑の周辺の植え込みや草むらなどの地表近くで、塀やブロックなどにも付く。

オオムラサキ　タテハチョウ科

大きさ　前翅長 50 ～ 65 ㎜
分布　北海道、本州、四国、九州

1月	2月	3月	4月	5月	6月	7月	8月	9月	10月	11月	12月

幼虫で越冬する。晩秋、中齢幼虫で食樹を下り、食樹の根元付近の落ち葉の下で越冬する。10月頃より体色が緑色から汚緑色、しだいに褐色に変る。食樹の落葉前から徐々に幹を伝って地面に降りる。落ち葉の中にもぐり込み、落ち葉に吐糸して足場を固定し冬を越す。

ゴマダラチョウ　タテハチョウ科

大きさ　前翅長 36 ～ 45 ㎜
分布　北海道、本州、四国、九州

1月	2月	3月	4月	5月	6月	7月	8月	9月	10月	11月	12月

幼虫で越冬する。越冬する幼虫は秋に食樹の葉が黄色になり始めたころ、早くも摂食をやめ体色を緑色から褐色に変え、しだいに地面へと移動し、11月中旬には落ち葉の下で越冬に入る。越冬幼虫はエノキの根際の落ち葉の裏面に多く、まれに暖地では樹上で越冬することがある。

アカボシゴマダラ　タテハチョウ科

大きさ　前翅長 39 ～ 46 ㎜
分布　本州（関東）、南西諸島

1月	2月	3月	4月	5月	6月	7月	8月	9月	10月	11月	12月

幼虫で越冬する。奄美大島では、越冬幼虫は樹幹に付いて越冬すると知られているが、地面に下りて落ち葉の下からも発見されている。関東地方では樹幹の地上に近いところまで下りて樹幹越冬するものが多いが、地面の落ち葉の中で越冬するものも見られる。

ミドリシジミ　シジミチョウ科

大きさ　前翅長 約20㎜
分布　北海道、本州、四国、九州

1月	2月	3月	4月	5月	**6月**	**7月**	**8月**	9月	10月	11月	12月

卵で越冬する。卵は食樹のハンノキなどの枝上、樹幹に産み付けられることが普通。小枝の芽の付近に産み付けられることは少ない。太い樹幹に産まれるときは、卵がかためて産み付けられ、大卵塊を作ることが多い。この場合、複数のメスが参加するという観察例がある。

ウラゴマダラシジミ　シジミチョウ科

大きさ　前翅長 約21㎜
分布　北海道、本州、四国、九州

1月	2月	3月	4月	**5月**	**6月**	**7月**	8月	9月	10月	11月	12月

卵で越冬する。卵は食樹であるイボタノキの樹高2m以下の小木、細い枝から幹までの分岐部に産み付けられる。細い枝ほど産卵数は少なく、多くは3個から10個ほどをかためて産み付ける。卵の形態は特徴的で上半は麦わら帽子状になる。UFOに似ているという人もいる。

イラガ　イラガ科

大きさ　開張 26～33㎜
分布　北海道、本州、四国、九州

1月	2月	3月	4月	5月	6月	**7月**	**8月**	9月	10月	11月	12月

繭で越冬する。終齢幼虫で越冬するため繭を作り、その中に入って越冬する。独特の茶色い線の入った白く固い卵状のカラで、カルシュウムを多く含み日本の昆虫が作る繭でもっとも固いと言われている。

クスサン　ヤママユガ科

大きさ　開張 120～125㎜
分布　北海道、本州、四国、九州、南西諸島

1月	2月	3月	4月	5月	6月	7月	8月	**9月**	**10月**	11月	12月

卵で越冬する。卵は食樹の幹に数十個が固めて産み付けられる。地上1mから2mほどのところに多く、卵は樹皮の色に似ている。食樹はきわめて多食性でクヌギ、エノキ、クルミなど多種にわたる。

ヤママユ　ヤママユガ科

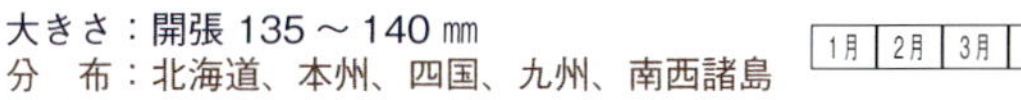

大きさ：開張 135 ～ 140 ㎜
分　布：北海道、本州、四国、九州、南西諸島

1月 2月 3月 4月 5月 6月 7月 8月 **9月** **10月** 11月 12月

越冬態は卵。冬の雑木林を歩くと落葉した樹の枝に枯葉を数枚つづった薄いクリーム色の繭が下がっていることがある。幼虫は野生のカイコ・天蚕（テンサン）で、コナラやクリの葉を食べて育つ。この繭からとれる天蚕糸は家蚕（カサン）に比べて太い。天蚕糸を織った布を天蚕布と呼び、淡い緑色で美しいが非常に高価なものだ。

ウスタビガ　ヤママユガ科

大きさ　開張 85 ～ 100 ㎜
分布　　北海道、本州、四国、九州

1月 2月 3月 4月 5月 6月 7月 8月 **9月** **10月** 11月 12月

越冬態は卵。冬枯れの雑木林に薄い黄緑色をして、下が膨らんだ逆三角形で木の枝から自らの糸で作った柄を繭の上部につないでぶら下がっている。この繭はその形からヤマカマスと呼ばれている。

シロオビフユシャク　シャクガ科

大きさ　開張♂ 25 ～ 38 ㎜
分布　　北海道、本州、四国、九州

1月 2月 3月 4月 5月 6月 7月 8月 9月 10月 **11月** **12月**

冬尺蛾。淡い灰色をしたフユシャク。全国的にごく普通に見られ、平地から山地まで広く分布する。オスは冬の夜、暗闇の中をヒラヒラと舞飛ぶ。メスは翅を欠き飛べない。出現期は比較的短い。

クロテンフユシャク　シャクガ科

大きさ　開張♂ 25 ～ 31 mm
分布　北海道、本州、四国、九州、対馬

1月	2月	3月	4月	5月	6月	7月	8月	9月	10月	11月	12月

冬尺蛾。全国的に普通に見られ、平地から山地まで広く分布する。平地では12月下旬から出現しダラダラと3月まで見られる長期出現型のフユシャク。日没とともに活動を始め配偶行動が行われる。

ウスバフユシャク　シャクガ科

大きさ　開張♂ 22 ～ 27 mm
分布　北海道、本州、四国、九州

1月	2月	3月	4月	5月	6月	7月	8月	9月	10月	11月	12月

冬尺蛾。全国的に平地から低山地に普通に見られるが出現期は比較的短い。食樹との関係でサクラが自生または植栽されている公園などにも見られる。日没後まもなく活発に活動し配偶行動を行う。

フタスジフユシャク　シャクガ科

大きさ　開張♂ 25 ～ 30 mm
分布　北海道、本州、四国、九州

1月	2月	3月	4月	5月	6月	7月	8月	9月	10月	11月	12月

冬尺蛾。本州から九州まではおもに山地に分布するが、北海道では平地に産する。雪のあるところでは雪の降る前に出現することが多く、日没とともに早い時間から活発になり、配偶行動が行われる。

ウスモンフユシャク　シャクガ科

大きさ　開張♂ 21 ～ 30 mm
分布　北海道、本州、四国、九州

1月	2月	3月	4月	5月	6月	7月	8月	9月	10月	11月	12月

冬尺蛾。全国的に普通で平地から山地まで分布する。関東地方周辺の平地や丘陵地では1月中旬ごろがピークになり、出現期は比較的短い。配偶行動は日没とともに早い時間に起き、交尾にいたる。

ナミスジフユナミシャク　シャクガ科

大きさ：開張♂ 22 ～ 37 ㎜
分　布：北海道、本州、四国、九州

1月 2月 3月 4月 5月 6月 7月 8月 9月 10月 11月 12月

冬尺蛾。全国的に平地から亜高山帯下部まで、各地に普通に見られる。本種のメスは小さいながら退化した翅があるが飛べない。冬尺蛾とは、年１化冬季に成虫が発生し、生殖行動を行い産卵する。メスの翅は欠けているか退化して飛べない。日本には35種類いる。写真右上はコーリング中のメス、右下は交尾中のペア。

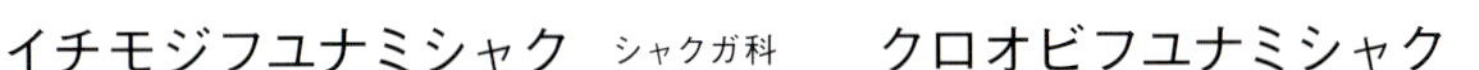

イチモジフユナミシャク　シャクガ科

大きさ　開張♂ 26 ～ 34 ㎜
分布　　本州、九州

1月 2月 3月 4月 5月 6月 7月 8月 9月 10月 11月 12月

冬尺蛾。本州では全域に産し、平地から低山地まで見られる。メスの翅は青緑色で黒色の横線が入り、新鮮な個体では全体が青緑色で非常に美しい。サクラやリンゴの自生する林で見られる。

クロオビフユナミシャク　シャクガ科

大きさ　開張♂ 22 ～ 36 ㎜
分布　　北海道、本州、四国、九州

1月 2月 3月 4月 5月 6月 7月 8月 9月 10月 11月 12月

冬尺蛾。全国的に分布し、平地から亜高山下部まで広く産し各地に比較的多く見られる。メスの翅は幅も広く後翅も大きいが、飛ぶことは出来ない。配偶行動は日没後早い時間に起き交尾にいたる。

クロスジフユエダシャク　シャクガ科

大きさ　開張♂ 22 ～ 30 mm
分布　北海道、本州、四国、九州

1月	2月	3月	4月	5月	6月	7月	8月	9月	10月	**11月**	**12月**

冬尺蛾。冬の初めに出てくる種で暖冬の影響で遅くなっている。本種は昼飛性で午前中の早い時間から日没まで飛翔し、曇っていても活動する。全国各地の平地から丘陵地に普通に見られ、多産する。

チャバネフユエダシャク　シャクガ科

大きさ　開張♂ 34 ～ 45 mm
分布　北海道、本州、四国、九州、沖縄島

1月	2月	3月	4月	5月	6月	7月	8月	9月	10月	**11月**	**12月**

冬尺蛾。全国的に平地から山地まで広く分布する。そのため出現期も各地域によってかなり異なる。配偶行動は日没後、2～3時間後に起こるので、比較的遅い時間も注意して見る必要がある。

オオチャバネフユエダシャク　シャクガ科

大きさ　開張♂ 38 ～ 47 mm
分布　北海道、本州

1月	2月	3月	4月	5月	6月	7月	8月	9月	**10月**	**11月**	**12月**

冬尺蛾。晩秋から初冬の蛾で、幼虫はマツ科の数種類に付くが、カラマツをもっとも好み本州ではカラマツ林に生息する。配偶行動は日没後数時間を経てから起こるので、比較的遅い時間も注意が必要。

シモフリトゲエダシャク　シャクガ科

大きさ　開張♂ 34 ～ 48 mm
分布　北海道、本州、四国、九州

1月	**2月**	**3月**	4月	5月	6月	7月	8月	9月	10月	11月	12月

冬尺蛾。真冬から早春に出現する。全国的に普通で平地から山地まで広く産する。関東地方の平地から低山地では1月から3月まで長期間見られる。配偶行動は日没後かなり時間を経過して起こる。

アカエグリバ　ヤガ科

大きさ：開張 40 ～ 50 ㎜
分　布：北海道、本州、四国、九州、南西諸島

1月	2月	3月	4月	5月	6月	7月	8月	9月	10月	11月	12月

成虫で越冬する。春から年に２～３回発生を繰り返す。晩秋に成虫になると、雑木林の枯葉にくるまって越冬する。意識して探さないと枯葉に擬態しているので見つからない。色合いといい葉脈の模様といい、葉の縁が欠けた枯葉にそっくり。成虫は果実の汁を吸うので、果樹園の害虫として有名。幼虫はアオツヅラフジを食べる。

ヨスジノコメキリガ　ヤガ科

大きさ　開張 37 ～ 40 ㎜
分布　　本州、四国、九州、対馬

1月	2月	3月	4月	5月	6月	7月	8月	9月	10月	11月	12月

成虫で越冬する。年１化、成虫は 10 月頃に現れ４月頃まで見られる。前翅は淡褐色で４本の濃褐色の細帯があり外縁は強く波状になる。樹液やヤツデの花に集まり、灯火や糖蜜に誘引される。

ホシオビキリガ　ヤガ科

大きさ　開張 36 ～ 40 ㎜
分布　　北海道、本州、四国、九州、対馬

1月	2月	3月	4月	5月	6月	7月	8月	9月	10月	11月	12月

成虫で越冬する。年１化、成虫は 10 月から 11 月に羽化し翌春の４～５月頃まで見られる。前翅は茶褐色から黄褐色で、中央の紋が黒点型、白点型、ゴマダラ型とあり、白点型は同属では本種の特徴。

カシワオビキリガ　ヤガ科

大きさ　開張 31 ～ 37 mm
分布　本州、四国、九州、対馬

1月	2月	3月	4月	5月	6月	7月	8月	9月	10月	11月	12月

成虫で越冬する。年1化、成虫は10月から11月に羽化し、翌年の春まで見られる。前翅は赤褐色で翅形は幅広く腎状紋の下部は暗色になる。平地から低山地に産し、灯火にも飛来するが糖蜜に集まる。

イチゴキリガ　ヤガ科

大きさ　開張 47 ～ 55 mm
分布　北海道、本州、四国、九州

1月	2月	3月	4月	5月	6月	7月	8月	9月	10月	11月	12月

成虫越冬する。年1化、11月頃に出現し翌春の4月頃まで見られる。前翅は茶褐色から黒褐色まで変異がある。後翅は黒褐色で黄色の縞模様がある。灯火にはほとんど飛来せず、樹液や糖蜜に集まる。

ミツボシキリガ　ヤガ科

大きさ　開張 35 ～ 39 mm
分布　本州、四国、九州、対馬

1月	2月	3月	4月	5月	6月	7月	8月	9月	10月	11月	12月

成虫越冬する。年1化、初冬に羽化し翌春の4月頃まで見られる。前翅は灰褐色で外縁は波状。前翅中ほどの白色紋はハート形で小さな白点が2個付随する。灯火にはあまり誘引されず、糖蜜に集まる。

カシワキボシキリガ　ヤガ科

大きさ　開張 32 ～ 37 mm
分布　北海道、本州、四国、九州、対馬

1月	2月	3月	4月	5月	6月	7月	8月	9月	10月	11月	12月

成虫越冬する。年1化、晩秋に羽化し翌春の5月頃まで見られる。前翅は灰白色で基部に下弦状の目立つ黒条がある。胸部中央付近の毛が鶏冠のように盛り上がる。平地から低山地に生息する。

アオオサムシ　オサムシ科

大きさ　体長 25 ～ 32 ㎜
分布　　本州

1月	2月	3月	4月	5月	6月	7月	8月	9月	10月	11月	12月

成虫は日当りのよくない土手や崖、朽木の中などで越冬する。背面は光沢が強く、多少とも緑色をおびるのが普通だが金銅色、赤銅色、緑銅色など変化が見られる。上翅には明確な筋と点刻がある。冬場にオサムシやゴミムシを掘り出して採集することを「オサ掘り」と言う。

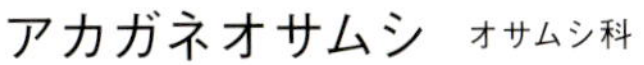

アカガネオサムシ　オサムシ科

大きさ　体長 18 ～ 26 ㎜
分布　　北海道、本州

1月	2月	3月	4月	5月	6月	7月	8月	9月	10月	11月	12月

成虫で越冬する。成虫は朽木の中や崖状の斜面、土手などで越冬しているのが見られる。生息環境は低湿地で比較的限られた環境に生息しているが、年々生息環境は悪くなってきている。体は暗銅色光沢のある黒色で、上翅背面には各３条の鎖線状の隆条を持っている。

クロナガオサムシ　オサムシ科

大きさ　体長 25 ～ 35 ㎜
分布　　本州

1月	2月	3月	4月	5月	6月	7月	8月	9月	10月	11月	12月

成虫で越冬する。丘陵地から山地にかけての森林やその周辺に生息し、日中は倒木や石の下に隠れおもに夜活発に動き回る地上徘徊性の昆虫。冬季の成虫は日当りのよくない崖状の斜面や朽木の中で越冬する。しばしば朽木の中などで数匹が集団で越冬していることがある。

ヒメマイマイカブリ　オサムシ科

大きさ　体長 36 ～ 49 ㎜
分布　　本州

1月	2月	3月	4月	5月	6月	7月	8月	9月	10月	11月	12月

成虫で越冬する。丘陵地から山地にかけての森林やその周辺に生息し、夜行性だが日陰の多い林内などでは日中でも歩き回っている。冬季は成虫と終齢幼虫で越冬するが、終齢幼虫は土中深くもぐり、成虫は朽木の内部や積もって圧縮された落ち葉の下、倒木の下などにいる。

アオゴミムシ　オサムシ科

大きさ　体長 12～15㎜
分布　北海道、本州、四国、九州

1月	2月	3月	4月	5月	6月	7月	8月	9月	10月	11月	12月

成虫で越冬する。越冬は土手などの土中や朽木の中で集団で越冬することが多い。体は黒色で背面は緑色の光沢があり前胸背面は赤銅色を帯び、上翅は微細な顆粒を密布し光沢は鈍く、背部は黄色の毛が密生する。平地から低山地の水田など水気を多分に含んだ地表に見られる。

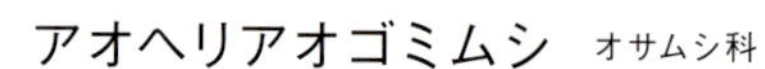

アオヘリアオゴミムシ　オサムシ科

大きさ　体長 約16㎜
分布　本州、四国、九州、南西諸島

1月	2月	3月	4月	5月	6月	7月	8月	9月	10月	11月	12月

成虫で越冬する。平地から丘陵地の河川敷や水田などの限られた湿地性環境に生息し分布も限られる。南方系の種で関東地方が分布の北限、本州では稀な種になる。前胸背板は赤銅色の光沢が強く上翅は黒褐色。上翅の基部と側縁部に美しい緑色光沢の縁取りがある。

アトボシアオゴミムシ　オサムシ科

大きさ　体長 約15㎜
分布　北海道、本州、四国、九州

1月	2月	3月	4月	5月	6月	7月	8月	9月	10月	11月	12月

低地から丘陵地の雑木林やその周辺に生息、成虫で越冬する。やや湿り気のある朽木や土中で、しばしば集団で越冬しているのが見られる。きれいな色彩をしたゴミムシで頭部と胸部が緑銅色の光沢があり、上翅は黒褐色で後方には特徴的な1対の黄色い紋がある。

オオゴミムシ　オサムシ科

大きさ　体長 約21㎜
分布　北海道、本州、四国、九州

1月	2月	3月	4月	5月	6月	7月	8月	9月	10月	11月	12月

平地から丘陵地の雑木林やその周辺に生息し、日中は落ち葉や石の下に隠れていて、夜に歩き回る夜行性。成虫で越冬し、朽木の中や土中で他の越冬虫などに混じって見つかることが多い。体は全身黒色で光沢が強い。頭部、胸部背面は平滑で上翅には深い条溝がある。

オオヨツボシゴミムシ　オサムシ科

大きさ　体長 約20㎜
分布　本州、四国、九州

1月	2月	3月	4月	**5月**	**6月**	**7月**	**8月**	**9月**	10月	11月	12月

成虫越冬する。低地から丘陵地の湿地や河川敷、湿気の高い林内に生息し、湿気の高い朽木や赤土の崖などの土中で越冬する。体は黒色で光沢がある。上翅の条溝は細かいが明瞭で、肩部後方と後方に鮮やかな２対の黄色の紋がある。ゴミムシのなかでは屈指の美麗種。

オオマルガタゴミムシ　オサムシ科

大きさ　体長 約20㎜
分布　北海道、本州、四国、九州

1月	2月	3月	**4月**	**5月**	**6月**	**7月**	**8月**	**9月**	**10月**	11月	12月

成虫で越冬する。年１化、初夏に新成虫が見られる。平地から低山地の河川敷、湿地や水田周辺など湿地性の地表に生息する。夜行性で日中は倒木や石の下などにじっとしているが夜は活発に活動する。体は黒色で光沢があり上翅の条溝は明瞭で弱い金属光沢がある。

オオアトボシアオゴミムシ　オサムシ科

大きさ　体長 15～18㎜
分布　北海道、本州、四国、九州、南西諸島

1月	2月	3月	4月	**5月**	**6月**	**7月**	**8月**	**9月**	**10月**	11月	12月

日本各地に分布し、おもに平地の草原や畑地に生息し、特に河原の草間に多く見られる。成虫は朽木や土中で越冬するが、しばしば集団で越冬するのが見られる。体は黒色。頭部と前胸は銅緑色の鈍い金属光沢があり、上翅は金緑色で金色の毛を密生、後方に１対の紋がある。

オオキベリアオゴミムシ　オサムシ科

大きさ　体長 20～22㎜
分布　北海道、本州、四国、九州

1月	2月	3月	**4月**	**5月**	**6月**	**7月**	**8月**	**9月**	**10月**	11月	12月

成虫で越冬する。年１化、成虫はおもに平地の河川敷や休耕田、畑地などの荒地に好んで生息する。冬季は朽木の中や土中に潜って越冬する。体は黒色。体上面は緑色から銅緑色で金属光沢をおびる。上翅は緑色でやや暗色、側縁は黄色く縁どられ、間室は高く隆起する。

クビアカモリヒラタゴミムシ　オサムシ科

大きさ　体長 8 ～ 9 mm
分布　本州、四国、九州、沖縄

1月	2月	3月	4月	5月	6月	7月	8月	9月	10月	11月	12月

成虫で越冬する。成虫は樹上性で平地から山地の樹林に生息する。採集には木の枝を棒でたたいて落として採る。成虫はスギ、ヒノキ、ケヤキなどの樹皮下にもぐり込んで越冬する。体は黒色でるり色の光沢があり、頭部・胸部は赤褐色。上翅は金属光沢のある青色。

コヨツボシアトキリゴミムシ　オサムシ科

大きさ　体長 4 ～ 5 mm
分布　本州、四国、九州、沖縄

1月	2月	3月	4月	5月	6月	7月	8月	9月	10月	11月	12月

平地から山地の樹林に生息し、成虫で越冬する。ゴミムシでも地上を徘徊せず、地上に近い枯れ木や薪、ホダ木などに見られる。ヒノキなど、樹皮の隙間に入り込み越冬する。体は黒色で頭部には微細な印刻があり、前胸背板には横じわが多い。上翅には２対の黄褐色紋がある。

スジアオゴミムシ　オサムシ科

大きさ　体長 22 ～ 24 mm
分布　北海道、本州、四国、九州

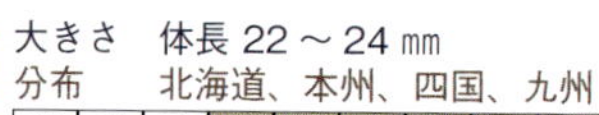

1月	2月	3月	4月	5月	6月	7月	8月	9月	10月	11月	12月

平地から低山地の森林、雑木林に生息し成虫で越冬する。日中は雑木林の落ち葉の下や石の下に潜んでいて、夜に地表を歩き回る。越冬は湿り気のある朽木や赤土の土手などの土中でする。体は、頭部と胸部は光沢のある赤銅色から銅緑色。上翅は光沢を欠き条溝は深い。

ヨツボシゴミムシ　オサムシ科

大きさ　体長 10 ～ 12 mm
分布　北海道、本州、四国、九州

1月	2月	3月	4月	5月	6月	7月	8月	9月	10月	11月	12月

平地から丘陵地の河原の草地・流木ゴミ、湿地や荒地などに生息する。成虫で越冬するが、越冬場所は朽木の中などが多く、しばしば集団で越冬している。体は黒色で頭部と前胸背板の点刻は粗大、脚は橙褐色。上翅の縦条溝は明瞭で、２対の大きな橙黄色の紋がある。

クロホシテントウゴミムシダマシ　ゴミムシダマシ科

大きさ　体長 約 4 ㎜
分布　　本州、四国、九州

1月	2月	3月	4月	5月	6月	7月	8月	9月	10月	11月	12月

成虫で越冬する。テントウムシそっくりのゴミムシダマシで、テントウムシでもゴミムシでもない。平地から丘陵地の樹林内に生息する。コケや地衣類の生えているところに集まり、越冬は朽木や樹皮下に潜り込んでする。体は赤褐色で光沢があり上翅には黒色の斑紋がある。

ツヤヒサゴゴミムシダマシ　ゴミムシダマシ科

大きさ　体長 12 ～ 17 ㎜
分布　　本州、四国、九州

1月	2月	3月	4月	5月	6月	7月	8月	9月	10月	11月	12月

成虫で越冬する。平地から山地まで広く生息する。樹林内の倒木、朽木の周辺にいて枯れ木やキノコ類を食べている。越冬は朽木の中に潜り込んでいるのが多い。ヒョウタンの様な体型で、体は黒色から黒褐色で光沢がある。上翅には深く明瞭な条溝があり、間室は隆起する。

コクワガタ　クワガタムシ科

大きさ　体長 18 ～ 30 ㎜
分布　　北海道、本州、四国、九州、対馬、屋久島

1月	2月	3月	4月	5月	6月	7月	8月	9月	10月	11月	12月

クワガタには越冬する種と、しない種がある。成虫が越冬する場合は、10月過ぎて寒くなると準備を始める。やや湿り気のある朽木や樹皮下に潜り込んで越冬する。また、夏が過ぎて羽化した成虫は、幼虫で過ごした朽木の中で、そのまま蛹室に留まって越冬する場合が多い。

コカブト　コガネムシ科

大きさ　体長 20 ～ 24 ㎜
分布　　北海道、本州、四国、九州

1月	2月	3月	4月	5月	6月	7月	8月	9月	10月	11月	12月

小型ながらカブトムシの仲間。平地から丘陵地の樹林内に生息する。成虫は基本的に夜行性で樹液に集まることはない。幼虫は朽木を食べて育ち、秋に羽化した成虫はそのまま朽木の中で越冬する。野外で活動した成虫も越冬能力を持ち、朽木などに潜り込んで越冬する。

ウバタマコメツキ　コメツキムシ科

大きさ　体長 22 ～ 30 ㎜
分布　北海道、本州、四国、九州、南西諸島

1月	2月	3月	4月	5月	6月	7月	8月	9月	10月	11月	12月

平地から低山地のマツの多い雑木林などに生息する。マツの立ち枯れの木、倒木などの樹皮下にいて、冬季は秋に羽化した新成虫が蛹室の中にとどまり、幼虫と共に見られる。体は黒色で灰白色や黄褐色の鱗毛があり、胸部の両側はふくらむ。コメツキムシでは最大級の大きさ。

オオアカコメツキ　コメツキムシ科

大きさ　体長 12 ～ 14 ㎜
分布　北海道、本州、四国、九州

1月	2月	3月	4月	5月	6月	7月	8月	9月	10月	11月	12月

平地から低山地の樹林・雑木林に生息する。成虫で越冬する。冬季は雑木林の立ち枯れた樹や倒木、朽木などの樹皮下に潜り込んで越冬していることが多い。また、秋に羽化した新成虫はそのまま蛹室に留まり越冬する。体は黒色。頭部、胸部は黒色で上翅は赤い翅が鮮やか。

オオクチキムシ　クチキムシ科

大きさ　体長 14 ～ 16 ㎜
分布　北海道、本州、四国、九州

1月	2月	3月	4月	5月	6月	7月	8月	9月	10月	11月	12月

平地から低山地の雑木林に生息し、枯れ木や朽木で見られる。成虫は枯れ木やキノコを食べ、幼虫は朽木を食べる。冬季は倒木や朽木の樹皮下に潜り込み、しばしば集団で越冬する。体は黒褐色から黒色で光沢はない。触角、脚は赤褐色、上翅には縦筋があり暗赤色の短毛が生える。

タテジマカミキリ　カミキリムシ科

大きさ　体長 17 ～ 24 ㎜
分布　本州、四国、九州、対馬

1月	2月	3月	4月	5月	6月	7月	8月	9月	10月	11月	12月

成虫で野外越冬することで有名なカミキリ。低山地や丘陵地のカクレミノやヤマウコギのある雑木林に生息する。成虫は夏に羽化して幼虫の食樹であるカクレミノなどの樹皮や葉を後食する。秋になると、カクレミノなどの小枝に浅く穴を掘り、体を小枝に埋め込んで越冬する。

ツチイナゴ　バッタ科

大きさ　体長 38～50 mm
分布　　本州、四国、九州、南西諸島

1月	2月	3月	4月	5月	6月	7月	8月	9月	10月	11月	12月

平地から低山地のクズなどの生い茂ったマント群落を中心とした草原に生息する。日本に分布するバッタ類は卵で越冬する種類ばかりだが、ツチイナゴはサイクルが半年分ずれていて成虫で越冬する。晩秋に成虫になり、そのまま草原の枯草や落ち葉の中に潜り込み越冬する。

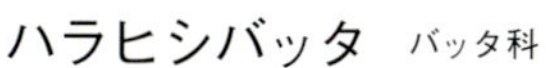

ハラヒシバッタ　バッタ科

大きさ　体長 8～13 mm
分布　　北海道、本州、四国、九州

1月	2月	3月	4月	5月	6月	7月	8月	9月	10月	11月	12月

全国の平地から丘陵地に広く分布する。土がむき出しになったような地面を好み、庭のへりや林道沿いで見られる。以前はヒシバッタと呼ばれていたが最近では研究が進み種類が分けられた。普通種で体色や斑紋に変化が多い。飛ぶことはなく、太い足でピョンピョン跳ねる。

クビキリギス　キリギリス科

大きさ　体長 27～34 mm
分布　　本州、四国、九州、南西諸島

1月	2月	3月	4月	5月	6月	7月	8月	9月	10月	11月	12月

平地から丘陵地の草原や水田の土手などに見られる。体色は緑色型と褐色型があり、まれに赤褐色の個体もあり変化がある。頭頂は著しく突き出し、口の周辺は赤い。10月頃にやっと成虫になり、そのまま草原や土手の枯草や落ち葉の中で越冬し、翌年の初夏まで見られる。

コロギス　コオロギ科

大きさ　体長 28～45 mm
分布　　本州、四国、九州、対馬

1月	2月	3月	4月	5月	6月	7月	8月	9月	10月	11月	12月

平地から山地の広葉樹林に生息する。樹上で葉を綴りその中に潜み、夜に活動する。体は明るい緑色、脚は多少青みが強い。前、中脚の脛節にはトゲが並ぶ。頭部には非常に長い触角があり、複眼は黄褐色。越冬は中齢幼虫で、落ち葉や地面近くの葉を綴ってその中で越冬する。

アカスジキンカメムシ　キンカメムシ科

大きさ　体長 17 ～ 20 mm
分布　本州、四国、九州

1月	2月	3月	4月	5月	**6月**	**7月**	**8月**	9月	10月	11月	12月

平地から山地の広葉樹林で見られる。成虫は金緑色に淡紅色の条斑のある大型で美しいカメムシ。幼虫は成虫の体色とは別種のようで、形は半円形で金属光沢のある黒銅色に白い模様が入る。越冬は5齢幼虫で落ち葉の中や樹皮下に入り込み越冬する。翌春活動を始め羽化する。

クロヒラタカメムシ　ヒラタカメムシ科

大きさ　体長 10 ～ 12 mm
分布　北海道、本州、四国、九州

1月	2月	3月	4月	5月	**6月**	**7月**	**8月**	**9月**	10月	11月	12月

黒色で著しく扁平な体形、厚みは1～2mmほどでゴツゴツとしている。通常は樹皮下で生活しているが、出現期にはよく飛ぶ。平地から山地の里山的環境の樹林に生息し、樹皮のキノコ、菌類に集まる。成虫で樹林の枯れ木、朽木の樹皮下で数匹がかたまって越冬する。

クサギカメムシ　カメムシ科

大きさ　体長 14 ～ 18 mm
分布　北海道、本州、四国、九州、南西諸島

1月	2月	3月	**4月**	**5月**	**6月**	7月	8月	**9月**	**10月**	**11月**	12月

日本のほぼ全土に分布する普通種。山野に普通であるが耕作地にも出現する。多食性で多くの植物に付き、果樹や豆類の害虫で知られている。また、成虫が越冬の際に人家に入り込むことがあり、悪臭を出す性質もあり嫌われている。普通は枯れ木や朽木の樹皮下などで越冬する。

シモフリクチブトカメムシ　カメムシ科

大きさ　体長 11 ～ 17 mm
分布　本州、四国、九州

1月	2月	3月	**4月**	**5月**	**6月**	7月	8月	**9月**	**10月**	**11月**	12月

平地から山地の広葉樹林に生息する。林の樹上や草むらなどにいて、鱗翅目のチョウやガの幼虫を好んで捕食する。個体数は少なめ。体形はカメムシとしては普通、前胸背板の側角は鋭角に突き出る。越冬は林の中の枯れ木や朽木の樹皮下など、隙間に潜り込んでする。

ヨコヅナサシガメ　サシガメ科

大きさ　体長 16 ～ 24 ㎜
分布　本州、四国、九州

1月	2月	3月	4月	5月	6月	7月	8月	9月	10月	11月	12月

平地から低山地の公園やキャンプ場など、里山的な環境に生息する。成虫、幼虫ともにサクラ、エノキ、ケヤキなどの大木の樹上で生活している。高所の葉上で生活しているので人目には付きにくい。幼虫で越冬し、木の幹の窪みなどに数十から百以上の集団で越冬する。

クリオオアブラムシ　アブラムシ科

大きさ　体長 4 ～ 5 ㎜
分布　北海道、本州、四国、九州

1月	2月	3月	4月	5月	6月	7月	8月	9月	10月	11月	12月

日本全土の平地から低山地の雑木林に生息する。クリ、クヌギ、カシ類に集まる大型のアブラムシ。全身黒色で有翅型と無翅型があり、翅は黒色で白い斑紋がある。卵で越冬し、卵ははじめ赤茶色できれいだが間もなく黒くなり、木の幹にびっしりと産み付けられる。

オオカマキリ　カマキリ科

大きさ：体長 70 ～ 95 ㎜
分　布：北海道、本州、四国、九州、対馬

1月	2月	3月	4月	5月	6月	7月	8月	9月	10月	11月	12月

体は緑色から淡褐色、暖地ほど大型になる。春に卵鞘から孵化がはじまり、前幼虫と言われる形で生まれ、すぐに脱皮して一般的なカマキリの形状になる。越冬態は卵で、植物の小枝に 200 個ほどの卵の入った泡状の卵鞘を産み付ける。卵鞘は数時間で茶色く硬くなり、保温性、防寒性に優れた効果を保つようになる。

ハラビロカマキリ　カマキリ科

大きさ：体長 50 ～ 70 ㎜
分　布：本州、四国、九州、沖縄

1月	2月	3月	4月	5月	6月	7月	8月	9月	10月	11月	12月

体は前胸が短く太めで腹部が幅広い。成虫の前翅には明瞭な白紋があるのが特徴。前脚には黄白色のイボがある。樹上性の傾向が強く、林縁や草原の樹木の梢上、葉上に生息する。越冬態は卵で、あまり高くない木の枝やブロック塀などに楕円形の卵鞘を産みつける。卵鞘はカマキリの種類によって独特の形状と色彩を持っている。

コカマキリ　カマキリ科

大きさ　体長 45 ～ 60 ㎜
分布　本州、四国、九州、沖縄

1月	2月	3月	4月	5月	6月	7月	8月	9月	10月	11月	12月

体は灰褐色で小型で細身、たまに緑色の個体も出現する。平地から低山地、林の林縁、人家周辺にも生息する。越冬態は卵で卵鞘は他のカマキリより小さく、細長い形をしている。樹木の幹や低木の小枝についているが、人家の庭先の塀や壁など様々なところで見かける。

ムモンホソアシナガバチ　スズメバチ科

大きさ　体長 14 ～ 20 ㎜
分布　本州、四国、九州

1月	2月	3月	4月	5月	6月	7月	8月	9月	10月	11月	12月

体は黄色と薄茶色の縞模様、細身で小型のアシナガバチ。丘陵地から低山地の里山的環境に生息する。枯れ木、倒木、朽木、立木の樹皮下で越冬する。一般的にアシナガバチは単独で越冬するが、このハチは集団で越冬する。その数は数十匹から数百の大集団になることもある。

オオスズメバチ　スズメバチ科

大きさ　体長♀ 35～45 ㎜
分布　　北海道、本州、四国、九州

1月	2月	3月	4月	5月	6月	7月	8月	9月	10月	11月	12月

日本産ハチ類で最大種。平地から低山地に生息し、人家周辺に営巣することもある。巣は樹の洞や土中の空間に作られる。頭部は大きく橙黄色、腹部は橙黄色と黒色の縞模様。秋に生まれた新女王は単独で倒木や立ち枯れの樹、朽木などに潜入し越冬場所を確保し越冬に入る。

キイロスズメバチ　スズメバチ科

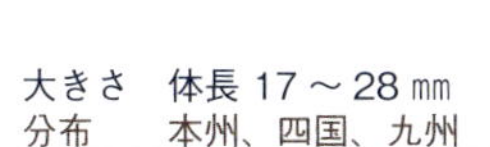

大きさ　体長 17～28 ㎜
分布　　本州、四国、九州

1月	2月	3月	4月	5月	6月	7月	8月	9月	10月	11月	12月

平地から山地の樹林に生息する。スズメバチの中では小型種。全体に黄褐色の毛が生えている。巣は大型で人家の軒先、崖、橋の下などにも作る。秋に生まれた新女王は交尾後に越冬準備に入る。雑木林の枯れ木、朽木などの樹皮下に潜入し越冬場所を作り越冬に入る。

コガタスズメバチ　スズメバチ科

大きさ：体長♀ 22～29 ㎜
分　布：北海道、本州、四国、九州、南西諸島

1月	2月	3月	4月	5月	6月	7月	8月	9月	10月	11月	12月

平地から低山地でよく見かける。オオスズメバチを小型にしたようで、色彩や模様も似ている。巣は人目に付きやすいところに多く、人家の軒下、枝葉の茂った樹木、小枝などに小ぶりの巣を作る。巣はその年限りで再利用されることはない。秋に生まれた新女王は枯れ木や朽木の樹皮下に潜って単独で越冬する。

ヒメスズメバチ　スズメバチ科

大きさ　体長 24 ～ 37 mm
分布　本州、四国、九州、沖縄

1月	2月	3月	4月	5月	6月	7月	8月	9月	10月	11月	12月

平地から低山地にかけて生息する。頭部は黄色、尾端部が黒色なので他のスズメバチと間違うことはない。巣は土中、樹洞、屋根裏など閉鎖的空間に作られる。巣の大きさは比較的小さく、成虫の数も少ない。新女王は単独で、枯れ木や朽木の樹皮化などに潜り越冬する。

ムネアカオオアリ　アリ科

大きさ　体長 (働きアリ) 8 ～ 12 mm
分布　北海道、本州、四国、九州

1月	2月	3月	4月	5月	6月	7月	8月	9月	10月	11月	12月

平地から低山地のマツの混じった雑木林などに生息する。他のアリのように土壌には巣を作らず、朽木の樹皮下や木の根元に巣を作る。体は黒色で胸部が赤褐色の大きなアリ。女王アリは働きアリの2倍の大きさ。越冬は一匹の女王と数匹の働きアリで小さなコロニーを作る。

コマダラウスバカゲロウ　ウスバカゲロウ科

大きさ　体長 (幼虫) 5 ～ 8 mm
分布　北海道、本州、四国、九州

1月	2月	3月	4月	5月	6月	7月	8月	9月	10月	11月	12月

平地から低山地の雑木林や林縁に生息する。冬場の虫探しは、探さないと見つからないものが多いが、この幼虫探しも冬場の楽しみの一つになっている。幼虫はすり鉢状の巣を作らず、樹の幹や道路わきの崖など、灰白色の地衣類の中に身を隠しているので見つけにくい。

ヤマトシロアリ　ミゾガシラシロアリ科

大きさ　体長 4 ～ 6 mm
分布　北海道、本州、四国、九州

1月	2月	3月	4月	5月	6月	7月	8月	9月	10月	11月	12月

平地から山地の樹林内に生息する。日本にごく普通に見られるシロアリ。社会性昆虫で集団を成して枯れ木や朽木を食べ、その内部に巣を作る。イエシロアリのように大規模に材木を食害することは少ない。乾燥には特に弱く湿潤な腐敗した木材を好み、それを食べて生活する。

索引

【ア】

アオイトトンボ……75
アオオサムシ……86・187
アオカナブン……96
アオゴミムシ……188
アオスジアゲハ……43
アオスジカミキリ……108
アオバセセリ……58
アオバハガタヨトウ……153
アオバハゴロモ……132
アオヘリアオゴミムシ……188
アオマダラタマムシ……101
アオマツムシ……122
アオモンイトトンボ……77
アオヤンマ……79
アカアシオオアオカミキリ……108
アカエグリバ……185
アカエゾゼミ……129
アカガネオサムシ……187
アカシジミ……56
アカスジオオカスミカメ……123
アカスジカメムシ……123
アカスジキンカメムシ……123・194
アカタテハ……146
アカバキリガ……19
アカヘリサシガメ……127
アカボシゴマダラ……52・179
アカマダラハナムグリ……96
アキアカネ……158
アキナミシャク……152
アゲハ……10・178
アゲハモドキ……63
アケビコノハ……153
アサギマダラ……46
アジアイトトンボ……78
アシグロツユムシ……165
アシナガコガネ……98
アシブトハナアブ……172
アトジロエダシャク……16
アトジロサビカミリ……110
アトボシアオゴミムシ……188
アブラゼミ……130
アヤトガリバ……151

【イ】

イカリモンガ……62
イタドリハムシ……29
イチゴキリガ……186
イチモジフユナミシャク……183
イチモンジセセリ……148
イチモンジチョウ……49
イボタガ……20
イボバッタ……164
イラガ……180

【ウ】

ウコンカギバ……64
ウシアブ……136
ウスイロトラカミキリ……109
ウスキツバメエダシャク……65
ウスキトガリキリガ……155
ウスズミカレハ……149
ウスタビガ……150・181
ウスチャジョウカイ……26
ウスバアゲハ……10・178
ウスバカミキリ……105
ウスバキエダシャク……17
ウスバシロエダシャク……17
ウスバフユシャク……182
ウスベニトガリバ……21
ウスモンフユシャク……182
ウチワヤンマ……80
ウバタマコメツキ……192
ウバタマムシ……101
ウラギンシジミ……147
ウラゴマダラシジミ……55・180
ウラナミアカシジミ……56
ウラナミシジミ……148

【エ】

エグリヅマエダシャク……151
エゴヒゲナガゾウムシ……118
エサキモンキツノカメムシ……125
エゾスズメ……61
エゾゼミ……129
エゾハルゼミ……31
エゾヨツメ……21
エビガラスズメ……60

エンマコオロギ……167

【オ】

オオアオイトトンボ……75
オオアカコメツキ……192
オオアカマルノミハムシ……115
オオアトボシアオゴミムシ……189
オオアヤシャク……66
オオイシアブ……137
オオウスヅマカラスヨトウ……74
オオウンモンクチバ……73
オオカギバ……65
オオカマキリ……172・195
オオキノメイガ……149
オオキベリアオゴミムシ……189
オオクシヒゲコメツキ……100
オオクチキムシ……192
オオクワガタ……89
オオクワゴモドキ……60
オオゴキブリ……139
オオゴマダラエダシャク……66
オオゴミムシ……188
オオシオカラトンボ……85
オオシマカラスヨトウ……155
オオシラホシアツバ……69
オオスカシバ……62
オオスズメバチ……134・197
オオゾウムシ……118
オオチャバネセセリ……148
オオチャバネフユエダシャク……184
オオツノトンボ……138
オオトビサシガメ……126
オオハキリバチ……170
オオバトガリバ……63
オオハナアブ……171
オオヒカゲ……52
オオヒメヒラタアブ……171
オオヘリカメムシ……125
オオホシカメムシ……126
オオマエベニトガリバ……64
オオマルガタゴミムシ……189
オオミズアオ……60
オオミスジ……49
オオミドリシジミ……57
オオムラサキ……51・179
オオヤマトンボ……83
オオヨツスジハナカミキリ……106
オオヨツボシゴミムシ……189
オオルリハムシ……116
オオルリボシヤンマ……80
オカモトトゲエダシャク……18
オジロアシナガゾウムシ……119
オスグロトモエ……70
オツネントンボ……22
オトシブミ……117
オナガアゲハ……44
オニクワガタ……89
オニベニシタバ……71
オニヤンマ……82
オビガ……59
オビカギバ……64
オンブバッタ……161

【カ】

カギモンヤガ……20
カシワオビキリガ……186
カシワキボシキリガ……186
カナブン……96
カネタタキ……167
カノコガ……68
カバエダシャク……151
カバキリガ　……19
カブトムシ……94
カメノコテントウ……26
カメノコハムシ……29
カラスアゲハ……45
カラスヨトウ……74
カレハガ……149
カンタン……166

【キ】

キアゲハ……44
キアシナガバチ……134
キイトトンボ……77
キイロキリガ……154
キイロスズメバチ……135・197
キイロテントウ……27
キイロトラカミキリ……109
キクキンウワバ……155
キゴシハナアブ……172

キシタバ……70
キシタミドリヤガ……73
キジマエダシャク……17
キスジトラカミキリ……109
キタキチョウ……11・46・145
キタテハ……12・48・147
キハダカノコ……68
キバネツノトンボ……138
キバラヘリカメムシ……168
キバラルリクビボソハムシ……116
ギフチョウ……8・178
キボシアシナガバチ……133
キボシカミキリ……114
キマダラオオナミシャク……66
キマワリ……104
キムネクマバチ……135
キンイロキリガ……19
キンケハラナガツチバチ……170
ギンボシキンウワバ……69
キンモンガ……63
ギンモンカレハ……59
ギンヤンマ……80

【ク】

クサギカメムシ……124・194
クサキリ……165
クサヒバリ……166
クシヒゲシャチホコ……153
クジャクチョウ……48
クスサン……150・180
クツワムシ……121
クヌギカメムシ……168
クビアカモリヒラタゴミムシ……190
クビキリギス……193
クビグロクチバ……154
クマゼミ……131
クモガタヒョウモン……47
クリオオアブラムシ……195
クリストフコトラカミキリ……28
クルマスズメ……62
クルマバッタ……162
クルマバッタモドキ……162
クロアゲハ……44
クロオオアリ……136
クロオビフユナミシャク……183
クロカナブン……96
クロカミキリ……105
クロクモヤガ……154
クロコノマチョウ……52
クロサナエ……22
クロシジミ……57
クロスジギンヤンマ……80
クロスジフユエダシャク……184
クロスズメバチ……135
クロタマムシ……101
クロテンフユシャク……182
クロナガオサムシ……187
クロハナムグリ……160
クロバネツリアブ……137
クロヒカゲ……53
クロヒラタカメムシ……194
クロホシテントウゴミムシダマシ……191
クロマルハナバチ……33
クワエダシャク……67
クワカミキリ……110
クワゴマダラヒトリ……65

【ケ】

ケブカハチモドキハナアブ……32
ケラ……122
ゲンゴロウ……87
ゲンジボタル……99
ケンモンキリガ……20
ケンモンミドリキリガ……155

【コ】

コアオハナムグリ……97・160
コアシナガバチ……133
ゴイシシジミ……55
コエゾゼミ……129
コオイムシ……127
コオニヤンマ……81
コガタスズメバチ……134・197
コガタルリハムシ……29
コカブト……191
コカマキリ……173・196
コクワガタ……92・191
コシアキトンボ……84
コシボソヤンマ……78
コシマゲンゴロウ……88

コジャノメ……54
コチャバネセセリ……58
コツバメ……14
コナラシギゾウムシ……161
コニワハンミョウ……25
コノシメトンボ……159
コバネイナゴ……163
コバネササキリ……166
コハンミョウ……86
コフキコガネ……97
コフキトンボ……84
コマダラウスバカゲロウ……198
ゴマダラオトシブミ……30
ゴマダラカミキリ……113
ゴマダラチョウ……50・179
ゴマフカミキリ……112
コミスジ……13
コムラサキ……50
コヤマトンボ……83
コヨツボシアトキリゴミムシ……190
コロギス……122・193

【サ】

サカハチチョウ……13・47
サトキマダラヒカゲ……53
サビキコリ……100
サラサヤンマ……78

【シ】

シータテハ……147
シオカラトンボ……85
シオヤトンボ……24
シマゲンゴロウ……88
シマハナアブ……171
シモフリクチブトカメムシ……194
シモフリトゲエダシャク……184
シャクドウクチバ……68
ジャコウアゲハ……43・178
ジャノメチョウ……55
ジュウジアトキリゴミムシ……25
ジョウカイボン……100
ショウジョウトンボ……85
ショウリョウバッタ……161
ショウリョウバッタモドキ……162
ジョナスキシタバ……70
シロオビクロナミシャク……67
シロオビナカボソタマムシ……103
シロオビフユシャク……181
シロコブゾウムシ……118
シロシタバ……71
シロシタホタルガ……59
シロスジカミキリ……111
シロスジカラスヨトウ……74
シロテンエダシャク……16
シロテンハナムグリ……97
シロモンアツバ……68
シロモンノメイガ……74
ジンガサハムシ……29

【ス】

スギカミキリ……28
スギタニキリガ……18
スケバハゴロモ……132
スジアオゴミムシ……190
スジグロシロチョウ……12・45
スジクワガタ……92
スジボソヤマキチョウ……46
スズムシ……121
スミナガシ……50
スモモキリガ……19

【セ】

セアカオサムシ……86
セイヨウミツバチ……33
セグロイナゴ……163
セスジイトトンボ……77
セスジジョウカイ……26
セダカシャチホコ……67
セマダラコガネ……98
セモンジンガサハムシ……116
センチコガネ……93
センノカミキリ……113

【タ】

タイコウチ……127
ダイミョウセセリ……58
タカサゴハラブトハナアブ……32
タガメ……128
タテジマカミキリ……192
タテスジゴマフカミキリ……112

ダビドサナエ……22
タマムシ……102

【チ】

チッチゼミ……169
チャエダシャク……151
チャバネフユエダシャク……184

【ツ】

ツクツクボウシ……169
ツチイナゴ……164・193
ツツジコブハムシ……116
ツツゾウムシ……119
ツヅレサセコオロギ……168
ツノアオカメムシ……123
ツノトンボ……138
ツバメシジミ……14
ツマキチョウ……11
ツマグロオオヨコバイ……169
ツマグロキチョウ……145
ツマグロバッタ……163
ツマグロヒョウモン……146
ツヤヒサゴゴミムシダマシ……191
ツユムシ……165

【テ】

テングチョウ……13

【ト】

ドウガネブイブイ……97
トウキョウヒメハンミョウ……86
トウホククロナガオサムシ……87
トゲアリ……136
トゲヒシバッタ……120
トノサマバッタ……163
トビナナフシ……173
トビモンオオエダシャク……18
トホシカメムシ……124
トラフカミキリ……110
トラフシジミ……55
トラフトンボ……23

【ナ】

ナカオビアキナミシャク……152
ナカキエダシャク……66
ナガゴマフカミキリ……112
ナカスジシャチホコ……67
ナガハムシダマシ……30
ナガメ……31
ナツアカネ……157
ナナホシテントウ……27
ナミスジフユナミシャク……183
ナミテントウ……27
ナミホシヒラタアブ……32・170

【ニ】

ニイニイゼミ……131
ニホンカワトンボ……75
ニホンミツバチ……33

【ネ】

ネギオオアラメハムシ……117
ネグロトガリバ……63

【ノ】

ノコギリカミキリ……105
ノコギリカメムシ……126
ノコギリクワガタ……90
ノシメトンボ……158
ノヒラトビモンシャチホコ……21

【ハ】

ハイイロゲンゴロウ……88
ハガタクチバ……73
ハグルマトモエ……69
ハグロトンボ……76
ハサミツノカメムシ……124
ハスオビエダシャク……16
ハッチョウトンボ……84
ハナアブ……171
ハネナガイナゴ……164
ハネビロエゾトンボ……83
ハヤシノウマオイ……165
ハラオカメコオロギ……167
ハラヒシバッタ……193
ハラビロカマキリ……173・196
ハラビロトンボ……24
ハルゼミ……31
ハンノアオカミキリ……114
ハンノキカミキリ……115

ハンミョウ……25

【ヒ】

ヒオドシチョウ……48
ヒカゲチョウ……53
ヒガシキリギリス……120
ヒグラシ……131
ヒゲコメツキ……100
ヒゲナガオトシブミ……118
ヒゲブトハムシダマシ……117
ヒゲマダラエダシャク……17
ヒサゴスズメ……62
ヒナバッタ……162
ヒメアカタテハ……146
ヒメアカネ……159
ヒメウラナミジャノメ……54
ヒメギス……121
ヒメキマダラヒカゲ……53
ヒメクロサナエ……23
ヒメゲンゴロウ……88
ヒメシジミ……57
ヒメジャノメ……54
ヒメシロコブゾウムシ……119
ヒメスズメバチ……135・198
ヒメトラハナムグリ……98
ヒメヒゲナガカミキリ……113
ヒメマイマイカブリ……87・187
ヒメマルカツオブシムシ……26
ヒモワタカイガラムシ……133
ヒョウモンエダシャク……65
ヒラタアオコガネ……25
ヒラタクワガタ……89
ヒラヤマコブハナカミキリ……28
ビロウドツリアブ……31
ビロードスズメ……61

【フ】

フクラスズメ……72
フタスジハナカミキリ……106
フタスジフユシャク……182
フタモンアシナガバチ……133
フチグロヤツボシカミキリ……115
ブドウスズメ……61
フトオビホソバスズメ……61
フトハサミツノカメムシ……124

【ヘ】

ベッコウハゴロモ……132
ベニカミキリ……108
ベニシジミ……14
ヘリグロベニカミキリ……109

【ホ】

ホオズキカメムシ……125
ホシオビキリガ……185
ホシヒメホウジャク……149
ホソカミキリ……105
ホソバトガリエダシャク……16
ホソバハガタヨトウ……153
ホソヒラタアブ……170
ホソヘリカメムシ……126
ホソミオツネントンボ……22
ホタルガ……59

【マ】

マイコアカネ……160
マスダクロホシタマムシ……103
マダラアシゾウムシ……119
マダラカマドウマ……122
マダラスズ……166
マダラバッタ……120
マツノマダラカミキリ……112
マツモムシ……129
マメキシタバ……71
マメコガネ……98
マユタテアカネ……159
マルウンカ……132
マルガタハナカミキリ……106
マルカメムシ……125
マルモンシロガ……73

【ミ】

ミズイロオナガシジミ……56
ミズカマキリ……127
ミスジチョウ……49
ミツカドコオロギ……168
ミツボシキリガ……186
ミドリアキナミシャク……152
ミドリシジミ……56・180
ミドリヒョウモン……47

ミナミヒメヒラタアブ…… 32
ミミズク…… 169
ミヤマアカネ…… 160
ミヤマカミキリ…… 107
ミヤマカワトンボ…… 76
ミヤマクワガタ…… 91
ミヤマサナエ…… 81
ミヤマセセリ…… 15
ミヤマダイコクコガネ…… 93
ミルンヤンマ…… 79
ミンミンゼミ…… 131

【ム】

ムカシヤンマ…… 23
ムクゲコノハ…… 72
ムツボシタマムシ…… 103
ムナビロオオキスイ…… 104
ムモンホソアシナガバチ…… 134・196
ムネアカオオアリ…… 136・198
ムラサキシジミ…… 148

【メ】

メスグロヒョウモン…… 145

【モ】

モートンイトトンボ…… 77
モノサシトンボ…… 76
モモブトカミキリモドキ…… 27
モリオカメコオロギ…… 167
モリチャバネゴキブリ…… 139
モンキアゲハ…… 45
モンキアシナガヤセバエ…… 137
モンキキナミシャク…… 18
モンキチョウ…… 11
モンシロチョウ…… 12・179

【ヤ】

ヤスジシャチホコ…… 152
ヤツボシツツハムシ…… 30
ヤツメカミキリ…… 114
ヤナギハムシ…… 117
ヤブヤンマ…… 79
ヤマキマダラヒカゲ…… 54
ヤマサナエ…… 81
ヤマトカギバ…… 64
ヤマトゴキブリ…… 139
ヤマトシジミ…… 14
ヤマトシリアゲ…… 139
ヤマトシロアリ…… 198
ヤマトフキバッタ…… 164
ヤマノモンキリガ…… 154
ヤママユ…… 150・181

【ヨ】

ヨコヅナサシガメ…… 195
ヨスジノコメキリガ…… 185
ヨツスジハナカミキリ…… 106
ヨツボシオオキスイ…… 104
ヨツボシケシキスイ…… 104
ヨツボシゴミムシ…… 190
ヨツボシトンボ…… 24
ヨモギハムシ…… 161

【ラ】

ラクダムシ…… 137
ラミーカミキリ…… 114

【リ】

リスアカネ…… 157

【ル】

ルリゴミムシダマシ…… 30
ルリシジミ…… 15
ルリタテハ…… 13・49・147
ルリボシカミキリ…… 107

参考文献

生物大図鑑　昆虫Ⅰ　林 長閑 編・監修　昭和 60 年　世界文化社
生物大図鑑　昆虫Ⅱ　林 長閑 編・監修　昭和 60 年　世界文化社
原色昆虫大図鑑　第 2 巻　中根 猛彦 他　昭和 53 年　北隆館
原色昆虫大図鑑　第 3 巻　安松 京三 他　昭和 51 年　北隆館
原色日本昆虫生態図鑑 (Ⅰ) カミキリ編　小島圭三　林 匡夫 著　昭和 44 年　保育社
原色日本昆虫生態図鑑 (Ⅱ) トンボ編　石田 昇三 著　昭和 51 年　保育社
原色日本昆虫生態図鑑 (Ⅲ) チョウ編　白水 隆 監修 福田 晴夫 他　昭和 53 年　保育社
日本のトンボ　尾園 暁　川島 逸郎　二橋 亮　2012 年　文一総合出版
日本原色カメムシ図鑑　友国 雅章 監修　安永 智秀 他　1994 年　全国農村教育協会
日本原色カメムシ図鑑 第 3 巻　石川 忠　高井 幹夫　安永 智秀　2012 年　全国農村教育協会
原色日本甲虫図鑑 (Ⅱ) 上野 俊一　黒澤 良彦　佐藤 正孝　平成 11 年　保育社
原色日本甲虫図鑑 (Ⅲ) 黒澤 良彦　久松 定成　佐々治 寛之　平成 10 年　保育社
原色日本甲虫図鑑 (Ⅳ) 林 匡夫　森本 桂　木元 新作　平成 14 年　保育社
原色川虫図鑑　丸山 博紀　高井 幹夫 著　谷田 一三 監修　2001 年　全国農村教育協会
日本産水生昆虫　川合 禎次　谷田 一三 編著　2005 年　東海大学出版会
バッタ・コオロギ・キリギリス大図鑑　日本直翅類学会 編　2006 年　北海道大学出版会
日本産蝶類標準図鑑　白水 隆 著　2007 年　学習研究社
日本産蛾類標準図鑑 (Ⅰ)　岸田 泰則 編　2011 年　学研教育出版社
日本産蛾類標準図鑑 (Ⅱ)　岸田 泰則 編　2011 年　学研教育出版社
日本産蛾類標準図鑑 (Ⅳ)　那須義次 広渡俊哉 岸田 泰則 編　2011 年　学研教育出版社
日本の昆虫生態図鑑　今井 初太郎　2016 年　メイツ出版
日本の冬尺蛾　中島 秀雄　小林秀紀　著　2017 年　むし社

あとがき

本書を作るにあたって、当初は雑木林の昆虫でまとめようと考えて進めました。雑木林の昆虫と言えば面白そうに感じたからです。関東地方で雑木林と言えばその多くが落葉広葉樹林にいくらかの針葉樹が混ざっているくらいの雑木林が多い。そのような環境の中でどのような昆虫が生息するのか、種類を出してみたのだが、それは思いのほかに少ない数の種類であった。雑木林の中ってこんなに少ないのかと感じました。そこで、里山的環境まで範囲を広げることにしました。里山の中には雑木林も入ってきますので、当初の考えも生かせることになります。私たちの生活はもともと里山的な環境の中で成り立ってきているのです。里山と人との暮らしは切っても切れない関係にあります。田畑を耕し、雑木林の恵みを得て、私たちの生活は豊かになってきたのです。田んぼを潤す水、それには小川、池、湿地など水環境が広がります。そして植物相が豊かになります。植物相が豊かなことは昆虫層が豊かなことにつながるのです。そして本書「里山・雑木林の昆虫図鑑」になったのです。

昆虫図鑑と言えば、いろんなジャンルの昆虫が並べられているのが普通ですが、おおよそのグループが分かれば比較的早く目的の昆虫にたどり着くことが出来ます。しかしながら、どんなグループなのかさえ分からない場合はどうするか、最初からページをめくるしかない。手間暇がかかってしまう。本書では利便性を高めるために季節ごとに検索写真を取り入れました。蝶のグループ、甲虫のグループなどグループごとにまとめ色と形でおおよその種類が分かるように工夫しました。目的の昆虫までできるだけ早くたどり着けるように考えたのです。また、季節ごとにダブって出てくる種類もあります。春にも秋にも出ている、夏と冬に出ている、と言うような種類もいます。これは、その季節に外せない種類なので出すことにしたのです。

今までになかったことで、チョウ目の蛾類を取り上げました。日本に生息する蛾のグループはおよそ５千種類を越えます。これだけ大きなグループを取り上げないのは不公平だと思います。しかし、蛾といえばあまり良いイメージを持たない人が多いように思います。それは蛾を知らないからで、イメージで片付けてしまっているからです。蛾もきれいですよ、よく見てください。

今回もたくさんの方にお世話になりました。自分が自信を持って分かるのはそんなに沢山ありませんので、各分野の専門の人たちのご指導を得て本書も作りました。ご指導いただいた方々に厚く御礼申し上げます。

清水有久夫様　中島秀雄様　染谷保様　渡邊健様　井上尚武様

久松正樹様　市毛勝義様

有難うございました。

今井初太郎（imai hatsutaro）

1941年東京都生まれ。茨城県水戸市在住の昆虫写真家。昭和20年の春に母親の実家がある茨城県に疎開、そのまま茨城県人となる。小学生の頃、ＳＬの走る線路の土手で羽化後間もないアカタテハを発見、初めて見る美しい蝶の姿に興奮した記憶がある。その後いつしか昆虫少年となり、1961年茨城昆虫同好会を発足させ14年間会長を務めた。昆虫写真は1970年頃から一眼レフカメラに接写リングを付けて撮り出した。ポジフイルムを使うようになり昆虫写真はやがて645で撮るようになった。また、草花や風景にも魅力を感じ風景写真は４×５で撮ってきた。今ではフイルムを使うことはないが、カメラ機材の進歩で多くの人が昆虫写真を撮れるような時代になった。昆虫写真を撮るためには、昆虫の生態を知らなくてはならない。生態を知ってこそ撮れる写真をこれからも撮って行こうと思っている。主な著書に「日本の昆虫生態図鑑」（メイツ出版）がある。

【写真提供】
清水有久夫 Si　（P44 クロアゲハ　P45 モンキアゲハ　P54 コジャノメ）

里山・雑木林の昆虫図鑑

2018年4月20日　第1版・第1刷発行

著　者　今井初太郎
発行者　メイツ出版株式会社
代表者　三渡　治
〒102-0082　東京都千代田区平川町 1-1-8
TEL　03-5276-3050（編集・営業）
03-5276-3052（注文専用）
FAX　03-5276-3105
印　刷　三松堂株式会社